技工教育汽车类专业概论系列教材

工程机械运用与维修专业概论

段德军 主　编
王明乾 副主编

人民交通出版社股份有限公司
北京

内 容 提 要

本书是技工教育汽车类专业概论系列教材之一,主要内容分为工程机械运用与维修专业概述、工程机械运用与维修专业人才培养概述、工程机械运用与维修专业知识、工程机械运用与维修专业学习成长规划四个项目。项目下又分若干个任务,每个任务包括任务目标、任务内容、活动场景、活动目标、活动计划、活动资源、活动展示、活动评价八个部分。

本书可作为技工类院校汽车类相关专业的概论教材,也可作为汽车类相关专业建设的参考书。

图书在版编目(CIP)数据

工程机械运用与维修专业概论/段德军主编.—北京:
人民交通出版社股份有限公司,2021.8
ISBN 978-7-114-17475-9

Ⅰ.①工… Ⅱ.①段… Ⅲ.①工程机械—使用方法—高等职业教育—教材②工程机械—维修—高等职业教育—教材　Ⅳ.①TU6

中国版本图书馆 CIP 数据核字(2021)第 145869 号

Gongcheng Jixie Yunyong yu Weixiu Zhuanye Gailun

书　　名:	工程机械运用与维修专业概论
著 作 者:	段德军
责任编辑:	郭　跃
责任校对:	赵媛媛
责任印制:	张　凯
出版发行:	人民交通出版社股份有限公司
地　　址:	(100011)北京市朝阳区安定门外外馆斜街 3 号
网　　址:	http://www.ccpcl.com.cn
销售电话:	(010)59757973
总 经 销:	人民交通出版社股份有限公司发行部
经　　销:	各地新华书店
印　　刷:	北京虎彩文化传播有限公司
开　　本:	787×1092　1/16
印　　张:	8.25
字　　数:	139 千
版　　次:	2021 年 8 月　第 1 版
印　　次:	2021 年 8 月　第 1 次印刷
书　　号:	ISBN 978-7-114-17475-9
定　　价:	38.00 元

(有印刷、装订质量问题的图书由本公司负责调换)

前言

近年来，工程机械行业迅猛发展，设备产销量大幅增长。各职业院校根据市场需求，相继开设了工程机械运用与维修专业。选择适用的教材，对于院校专业建设至关重要。技工教育汽车类专业概论系列教材是在各行业、企业技术专家的大力协助下编写而成。

本系列教材在编写过程中，采用职业院校大力推广的"基于工作过程的任务教学法"体例。项目规划科学，任务分解合理，利于教学过程中的讲解与活动组织。本系列教材依据现行业、企业与学校的实际情况进行编写，实现概论教学与专业课、专业基础课、文化基础课企业实践无缝对接。

本书由山东交通技师学院段德军担任主编，由王明乾担任副主编，由段德军负责统稿。书中共有 4 个项目 13 个任务，项目一由王明乾编写。项目二由黄阔编写。项目三由段德军编写。项目四由杜瑞彬编写。

限于编者水平，书中难免有疏漏和错误之处，恳请广大读者提出宝贵建议，以便进一步修改和完善。

编　者
2021 年 5 月

目录

项目一　工程机械运用与维修专业概述 ········· 1
　任务一　了解工程机械运用与维修专业发展背景 ········· 1
　任务二　知道工程机械运用与维修专业发展现状 ········· 7
　任务三　了解工程机械运用与维修专业发展趋势 ········· 16

项目二　工程机械运用与维修专业人才培养概述 ········· 23
　任务一　认识工作岗位 ········· 23
　任务二　培养目标及通用职业能力概述 ········· 28
　任务三　课程设置概述 ········· 36
　任务四　学习目标保障措施概述 ········· 45

项目三　工程机械运用与维修专业知识 ········· 60
　任务一　挖掘机的结构认知与维护概述 ········· 60
　任务二　装载机的结构认识与维护概述 ········· 81

项目四　工程机械运用与维修专业学习成长规划 ········· 102
　任务一　学习榜样 ········· 102
　任务二　认识学习成长规划 ········· 108
　任务三　知道学习成长规划过程 ········· 113
　任务四　撰写学习成长规划书 ········· 120

参考文献 ········· 125

项目一　工程机械运用与维修专业概述

任务一　了解工程机械运用与维修专业发展背景

任务目标

(1) 能简单介绍工程机械运用与维修专业发展背景。
(2) 能简单介绍当地工程机械类维修企业大体情况。

任务内容

活动一：班级内部播报"行业大事我来说"
活动二："壮阔家乡美之工程机械企业篇"电子宣传图册制作

活动一：班级内部播报"行业大事我来说"

伴随着科学技术的发展和国家重大战略工程的实施，工程机械的需求量和保有量迅速增加，工程机械制造、运用、维修的需求也随之增加。社会亟需工程机械销售、操作和维修的技能人才。

我国的工程机械行业经过几十年的发展，形成了全国庞大的服务网络，全国各地市经销商、维修站分布均匀。在学习之初，我们迫切地想要了解工程机械运用与维修专业的发展背景。

我愿意把这些工程机械运用与维修专业的发展背景通过班级内部播报系统——"行业大事我来说"介绍给大家。

活动场景

通过班级内部播报的形式将工程机械运用与维修专业的发展背景这一机械

工程机械运用与维修专业概论

行业大事件介绍给刚入校的新同学。

活动目标

(1) 能用普通话流利地介绍工程机械运用与维修专业的发展变迁。

(2) 能合理地安排组内分工,在规定时间内合作完成资料的收集、整理和撰稿。

活动计划

1. 分工

2 名材料收集人员:＿＿＿＿＿＿　　1 名拍照人员:＿＿＿＿＿＿

2 名撰稿人员:＿＿＿＿＿＿　　1 名编辑人员:＿＿＿＿＿＿

1 名播报人员:＿＿＿＿＿＿　　1 名后勤人员:＿＿＿＿＿＿

2. 设备准备

＿＿＿＿＿＿＿＿＿＿＿＿＿＿＿＿＿＿＿＿＿＿＿＿＿＿＿＿＿＿＿＿＿＿

＿＿＿＿＿＿＿＿＿＿＿＿＿＿＿＿＿＿＿＿＿＿＿＿＿＿＿＿＿＿＿＿＿＿

3. 小组计划

＿＿＿＿＿＿＿＿＿＿＿＿＿＿＿＿＿＿＿＿＿＿＿＿＿＿＿＿＿＿＿＿＿＿

＿＿＿＿＿＿＿＿＿＿＿＿＿＿＿＿＿＿＿＿＿＿＿＿＿＿＿＿＿＿＿＿＿＿

＿＿＿＿＿＿＿＿＿＿＿＿＿＿＿＿＿＿＿＿＿＿＿＿＿＿＿＿＿＿＿＿＿＿

活动资源

工程机械运用与维修专业的发展背景简介。

机械工业担负着为整个国民经济提供技术装备的任务,它的发展水平是国家工业现代化的标志之一。工程机械是工程建设的重要工具,是实现工程项目高速度、高质量、高效益、低成本的重要手段。它被广泛应用于国民经济的各部门,在国民经济中的地位十分突出。

我国工程机械行业起步较晚,但其发展速度却是相当快的。经过 40 多年的发展,我国工程机械行业已形成了具有相当规模和较强生产能力的完整体系。目前有近 2000 家企业,其中有 17 个集团公司,15 个上市公司,合资、独资企业近 200 家;有职工 38 万人,其中技术人员占 12%;可以生产挖掘机、铲土运输机械、工程起重机械、机动工业车辆、混凝土机械、路面机械和桩工机械等 18 大类,近

5000种规格型号的产品。工程机械行业的规模及销售额在机械工业中次于电器、汽车、石化通用及农机,排第五位,工程机械作为重要的施工生产装备,在国民经济发展和国防建设中已具有一定地位。我国已成为世界工程机械生产大国和主要市场之一。

从生产角度来说,设备自安装调试后,设备管理人员和部门面临最多的和最重要的工作就是维修。因为,在设备的寿命周期中,其使用、维修阶段是时间最长,也是最重要的阶段。在设备的使用过程中,为了减少磨损,必须采取必要的措施来补偿已发生的磨损。为了使设备正常运转,以最经济合理的寿命周期费用使设备维持良好的性能,保证生产需要,早日收回投资进而创造更大的利润,在使用设备过程中维修工作是非常重要的。随着我国工程机械制造业的发展,维修企业也得到了迅猛地发展。除了各个施工单位内部的维修机构外,社会上也建立了不少专业化的工程机械维修企业,再加上工程机械生产厂家或代理商的售后服务机构,三者就构成了工程机械维修市场。它们对提高工程机械的有效利用率、延长工程机械的使用寿命、节约能源、增加国民经济收入有着举足轻重的作用。

活动展示

教师组织班级内部播报大赛,师生共同制定评分标准,各组选派代表参加,参赛选手在规定时间内呈现本组活动成果,其他全体同学现场观摩,根据选手表现投票,获得点赞数量最多的小组获胜。

活动评价

活动评价见表1-1-1。

活动评价表　　　　　表1-1-1

评分项	是否达到目标 (30%)	活动表现 (40%)	职业素养 (30%)
评价标准	(1)完全达到; (2)基本达到; (3)未能达到	(1)积极参与; (2)主动性一般; (3)未积极参与	(1)大有提高; (2)略有提高; (3)没有提高
自我评价(20%)			
组内评价(20%)			

续上表

评分项	是否达到目标（30%）	活动表现（40%）	职业素养（30%）
组间评价(30%)			
教师评价(30%)			
总分(100%)			
自我总结			

活动二："壮阔家乡美之工程机械企业篇"电子宣传图册制作

工程机械运用与维修专业的发展离不开企业的参与,在这个过程中,工程机械生产厂家、维修站、经销商等均扮演着不可或缺的角色。我愿意通过自己的视角制作电子宣传图册,将我家乡的企业介绍给大家。

活动场景

化身小记者走访企业、查阅资料,大体了解家乡有影响力的企业发展历程,制作电子宣传图册将它们介绍给刚入校的新同学。

活动目标

(1)走访企业、查阅资料了解它们的发展变迁。
(2)能合理地安排组内分工,在规定时间内合作完成资料的收集、整理及PPT的编辑。

活动计划

1.分工

2名采访内容制定人员：_____   1名拍照人员：_____
1名撰稿人员：_____   2名编辑人员：_____
1名资料收集人员：_____   1名后勤人员：_____

2. 设备准备

_____

_____

3. 小组计划

_____

_____

_____

活动资源

浏览相关网站

（1）登录山东临工官网，查阅山东临工工程机械有限公司产品数据和大事记简介，如图1-1-1所示。

图 1-1-1 山东临工官网

山东临工工程机械有限公司（简称山东临工），始建于1972年，是国际化的工程机械企业，是国家工程机械行业的大型骨干企业，中国机械工业100强企业，国家级高新技术企业。主导产品有铲运挖掘系列、路面机械系列、矿用车系列和小型工程机械系列等。

山东临工是世界知名的装载机、挖掘机、压路机、平地机、挖掘装载机及相关配件的制造商和服务提供商，业务遍及全球60余个国家和地区，已成为世界工程机械50强企业，中国三大工程机械出口商之一。

（2）登录山推工程机械股份有限公司官网。https://www.shantui.com/，查阅资料，如图1-1-2所示。

山推工程机械股份有限公司（简称山推）的前身是成立于1952年的烟台机器厂，1966年烟台机器厂迁址济宁市改名济宁机器厂；1980年，济宁机器厂、济宁通用机械厂和济宁动力机械厂三家企业合并组建山东推土机总厂。1993年成立山推工程机械股份有限公司,并于1997年1月在深交所挂牌上市(简称"山推股份",代码000680),属于国有股份制上市公司,是山东重工集团权属子公司。总部在山东省济宁市,总占地面积2700多亩。产品覆盖推土机系列、道路机械系列、混凝土机械系列、装载机系列、挖掘机系列等10多类主机产品和底盘件、传动部件、结构件等工程机械配套件。现年生产能力达1万台推土机、6000台道路机械、500台混凝土搅拌站、15万条履带总成、100万件工程机械"四轮"、8万台套液力变矩器、2万台套变速器。推土机连续17年全球产销量第一,是全球建设机械制造商50强企业、中国制造业500强企业。

图1-1-2 山推工程机械股份有限公司官网

山推拥有健全的销售体系,完善的营销服务网络,产品远销海外160多个国家和地区。在全国建有27个营销片区,80余家专营店,设立360余个营销服务网点。在海外发展代理及经销商100余家,先后在南非、阿联酋、俄罗斯、巴西、美国等地设立了10余个海外分支机构。在服务模式上,山推以"打造最关注客户个性化需求、最关注服务的企业"为目标,为客户提供一体化施工解决方案,人性化、智能化的优质服务赢得了客户口碑,提升了企业的品牌价值。近年来,山推坚持用科技创新推动可持续发展,致力于远程遥控、智能网联、新能源、大功率产品等领域的研究,引领行业前行。2019年,全球首台5G远程遥控大功率推土机实现商业化,5G技术应用和智能制造水平进一步提升;全国最大功率推土机顺利交付客户,填补了国内大功率推土机的技术空白,为大功率推土机国产化奠定了基础。同时数字化转型取得阶段性成果,通过5G网络打造的智能工厂日渐成熟,自主设计的智能生产线和装配检测设备投产应用。

活动展示

教师组织班级内部电子图册展览,师生共同制定评分标准,各组选派代表在规定时间内介绍本组PPT,其他全体同学现场观摩,根据选手表现投票,获得点赞量最多的小组获胜。

活动评价

活动评价见表1-1-2。

活动评价表　　　　表1-1-2

评分项	是否达到目标 （30%）	活动表现 （40%）	职业素养 （30%）
评价标准	(1)完全达到； (2)基本达到； (3)未能达到	(1)积极参与； (2)主动性一般； (3)未积极参与	(1)大有提高； (2)略有提高； (3)没有提高
自我评价(20%)			
组内评价(20%)			
组间评价(30%)			
教师评价(30%)			
总分(100%)			
自我总结			

任务二　知道工程机械运用与维修专业发展现状

任务目标

(1)能简单介绍工程机械运用与维修专业发展现状。
(2)能详细介绍1个最关注的当地工程机械类企业。

任务内容

活动一:班级内部播报"行业大事我来说"
活动二:"我最了解的工程机械企业"电子演示文档制作

活动一:班级内部播报"行业大事我来说"

在学习之初,我们迫切地想要了解工程机械运用与维修专业的发展现状。
我愿意把我省的工程机械运用与维修专业的发展现状通过班级内部播报系统——"行业大事我来说"介绍给大家。

活动场景

通过班级内部播报的形式将工程机械运用与维修专业的发展现状介绍给刚入校的新同学。

活动目标

(1)能用普通话流利地介绍工程机械运用与维修专业的发展现状。
(2)能合理地安排组内分工,在规定时间内合作完成资料的收集、整理、撰稿。

活动计划

1. 分工

2 名材料收集人员:＿＿＿＿＿＿　　1 名拍照人员:＿＿＿＿＿＿
2 名撰稿人员:＿＿＿＿＿＿　　　　1 名编辑人员:＿＿＿＿＿＿
1 名播报人员:＿＿＿＿＿＿　　　　1 名后勤人员:＿＿＿＿＿＿

2. 设备准备

_____

_____

3. 小组计划

_____

_____

活动资源

根据企查猫的数据显示,2015—2019年山东省工程机械制造行业新成立企业呈现逐年递增趋势;2019年山东省新成立的工程机械制造行业企业有58697家,相比2000年的1376家增长了42.66倍。从注册资本在1000万元以上的新企业来看,2015—2019年呈现逐年上升趋势,在2019年共有7793家新成立企业注册资本在1000万元以上,达到近年来高峰。新成立企业情况如图1-2-1所示。

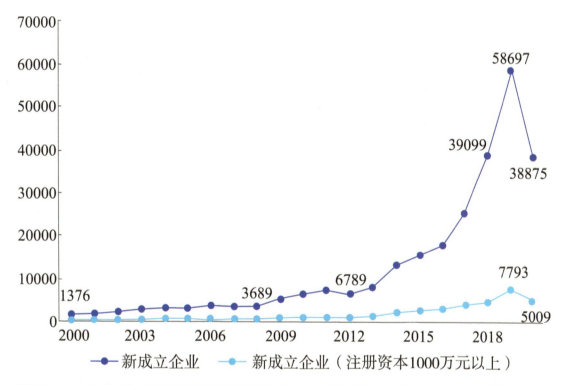

图1-2-1 山东省工程机械制造行业新成立企业情况(2015—2020年)(单位:家)
资料来源:企查猫 前瞻产业研究院整理。

未来,山东省将借助外贸转型升级的有利契机,更好地培育产业集群,提升工程机械产业国际竞争力。

1. 山东省工程机械行业发展现状

目前山东省青州市国家外贸转型升级基地内全力打造了500亿级工程机械产业集群,以卡特彼勒(青州)公司为龙头的工程机械产业集群不断壮大;以中国驰名商标欧泰隆重工为龙头的小型装载机,以青能动力、石油机械为龙头的海洋装备和以汇强重工、圣洁环保为重点节能环保等产业质量效益显著提高,竞争力和影响力明显增强。此外,青州市工程机械制造产业具有50多年的生产发展史和良好的声誉,拥有成熟的工艺技术、优秀的专业人才,在国内工程机械制造业中占有较大的市场份额。目前,已形成以卡特彼勒为龙头,以欧泰隆、汇众机械、海宏重工等企业为重点,产业链条完整、配套体系完备、生产企业相对集中,主产中大小型装载机、压路机、推土机、挖掘机、挖沟挖壕机、叉车、巷道机等设备的工程机械产业集群。

此外,山东省国家外贸转型升级基地将继续扩大对外开放,谋划完善开放布局,积极对接国际优势市场、国内沿海经济发达地区,形成多层次协调可持续、全方位开放新格局。与此同时,结合新旧动能转换,继续大力发展优势产业,做大做强产业这一宏伟篇章;要积极对接"中国制造2025",深入实施质量强市和品牌战略,围绕"工业强市"这一目标,强力推进新旧动能转换,以国家外贸转型基地为契机,在原有工程基础上,加大科技研发力度,加大人才引进。大力推进产业转型升级,实现产业高端化、集群化、规模化。

2. 山东省工程机械企业发展现状

根据《中国制造2025》山东省行动纲要(表1-2-1),山东省大力发展工程机械制造行业;其中以山东临工、雷沃重工、山推等龙头企业为首,带领全行业形成循环发展(表1-2-2)。

《中国制造2025》山东省行动纲要　　　　表1-2-1

要点	详　情
工程机械	开发使用节能新技术、卫星定位、数学传输、智能自动操控、远程监控技术等,重点发展先进推土机、装载机、挖掘机、起重机、旋挖钻机、路面机械、桩基施工机械、大型建筑施工机械、大型盾构机、上架桥设备、隧道掘进机及高端液压基础件等,向现代高端工程机械发展
绿色制造工程	以汽车、工程机械、农机、石油装备、船舶等产业为重点,积极采用节低能耗发动机、轻量化材料、节能内燃机等节能技术和产品;在机床、发动机、工程机械、矿山机械等机电设备行业,大力发展再制造产业,实施高端再制造、智能再制造、在役再制造,促进再制造产业持续健康发展

续上表

要点	详情
未来规划	（1）到2025年,全省制造业整体素质和综合水平大幅提升,创新能力显著增强,两化融合、绿色发展达到国内先进水平,形成产业基础雄厚、结构调整优化、质量效益良好、持续发展强劲的先进制造业体系,基本实现制造业强省目标。 （2）到2035年,山东制造整体达到国内制造强省前列,世界制造强国中等以上水平。 （3）到建国100周年,山东制造整体达到国内制造强省领先水平,世界制造强国前列水平。

资料来源：公开信息资料整理　前瞻产业研究院整理。

山东省龙头企业一览表　　表1-2-2

企业名称	主要产品
卡特彼勒（青州）公司	装载机、挖掘机、压路机、平地机、挖掘装载机、动力系统等
山东临工工程机械有限公司	装载机、挖掘机、压路机、平地机、挖掘装载机
山推工程机械股份有限公司	推土机、道路机械
雷沃重工股份有限公司	挖掘机、装载机
山东山工机械有限公司	装载机、推土机、平地机、压路机

资料来源：前瞻产业研究院整理。

根据由中国机械工业联合会、中国汽车工业协会联合发表的《2018年中国机械工业营业收入百强企业名单》,山东临工工程机械有限公司占当年全国总销售额的比重为15.17%,山推工程机械股份有限公司占比为3.82%,如图1-2-2所示。

3. 山东省工程机械制造行业前景

国家层面要求积极扩大有效需求,促进消费回补和潜力释放,发挥好有效投资关键作用,加大新投资项目开工力度,加快在建项目建设进度。

从目前公布的具体投资项目来看,基建投资仍占一席之地。据公开信息资料显示,截至2020年3月10日,已有25个省、自治区、直辖市公布了投资规划,

2.2万个项目总投资额达49.6万亿元,其中2020年度计划投资总规模7.6万亿元。山东省的投资总规模为2.9万亿元,投资项目数为1021个。因此,山东省的工程机械制造行业前景一片利好。

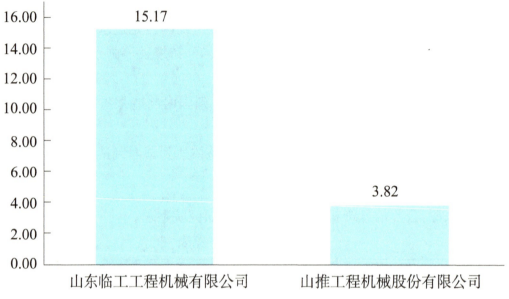

图1-2-2　山东省龙头企业市场份额占比(单位:%)

资料来源:前瞻产业研究院整理。

活动展示

教师组织班级内部播报大赛,师生共同制定评分标准,各组选派代表参加,参赛选手在规定时间内呈现本组活动成果,其他全体同学现场观摩,根据选手表现投票,获得点赞量最多的小组获胜。

活动评价

活动评价见表1-2-3。

活动评价表　　　　　　　　表1-2-3

评分项	是否达到目标 (30%)	活动表现 (40%)	职业素养 (30%)
评价标准	(1)完全达到; (2)基本达到; (3)未能达到	(1)积极参与; (2)主动性一般; (3)未积极参与	(1)大有提高; (2)略有提高; (3)没有提高

项目一　工程机械运用与维修专业概述

续上表

评分项	是否达到目标（30%）	活动表现（40%）	职业素养（30%）
自我评价(20%)			
组内评价(20%)			
组间评价(30%)			
教师评价(30%)			
总分(100%)			
自我总结			

活动二："我最了解的工程机械企业"电子演示文档制作

工程机械运用与维修专业的发展，不能缺少企业的参与，在这个过程中工程机械生产厂家、经销商、维修站等均扮演着不可或缺的角色。我愿意通过自己的视角制作电子宣传图册，将我最喜爱的工程机械品牌介绍给大家。

活动场景

化身小记者走访企业、查阅网络资料，深入了解家乡企业，制作电子宣传图册将它介绍给刚入校的工程机械运用与维修专业新同学。

活动目标

（1）走访企业、查阅资料了解它的业务范围、工作现状、品牌种类等。
（2）能合理地安排组内分工，在规定时间内合作完成资料的收集、整理，PPT的编辑。

活动计划

1. 分工
2 名采访内容制定人员：_____　　1 名拍照人员：_____

1 名撰稿人员：_____　　2 名编辑人员：_____
1 名资料收集人员：_____　　1 名后勤人员：_____

2. 设备准备

_____
_____

3. 小组计划

_____
_____
_____
_____

活动资源

1. 山东临工工程机械有限公司简介

山东临工工程机械有限公司（简称山东临工），始建于1972年，是国家工程机械行业的大型骨干企业，国家级高新技术企业。公司拥有总资产15亿元，固定资产5亿元，员工1500余人。主导产品有装载机、挖掘机、压路机、挖掘装载机等四大类50多个品种。其中轮式装载机被评为山东省名牌产品和国家名牌产品。公司坚持制度创新、管理创新、技术创新，不断进行大规模的技术改造，近年来共投入资金3亿多元，引进国外先进技术和关键设备，使工艺设备水平大幅度提高，在工程技术行业处于一流行列。公司建立了国家级技术开发中心和博士后工作站，坚持产学研结合，与国内重点院校、研究所保持了良好的合作关系，先后与北京航空航天大学、吉林大学、北京科技大学合作建立了工程机械技术创新基地、工程机械产品开发基地、工程机械人才培养基地，同时承担了国家863项目及省级以上多项科研课题，取得了30多项国家专利。公司坚持"全员参与、持续改进、实现对顾客的每一项承诺"的质量方针，建立了完善的质量保证体系，通过了ISO 9001质量管理体系认证。科学有效的管理，铸造了山东临工产品的优秀品质；优秀规范的售后服务，赢得了用户的广泛赞誉。公司在国内设有200多个销售代理商，150多个服务代理商，10多个配件中心库，形成了比较完善的售后服务体系。优质的产品、充足的配件供应、快速高效的售后服务使公司产品畅销全国各地，并远销澳大利亚、中东、马来西亚、蒙古、俄罗斯等几十个国家和地区。近年来，公司主导产品的市场占有率迅速提高，经济效益持续稳定增长，综合指标的在全国同行业名列前茅。1993—1995年，连续入选中国500家最佳经济效益工业企业；

1996—2003年,连续被评为山东省机械工业销售收入、利税大户;2003年,综合产销量在全国同行业排名第4位,实现销售收入18亿元,被评为山东省工业百强企业、中国机械工业500强企业。近年来,公司先后被评为"省级管理示范企业""山东省现场管理样板企业""山东省质量管理先进单位""全国守合同、重信用企业"等荣誉称号。为了扩大企业规模,加快流程再造,提升企业管理,壮大公司实力,实现持续发展,公司投资2.5亿元兴建的"临工工业园"已于2004年3月动工,2004年底全部建成投产。工业园规划占地130万m^2,工程机械综合产能达20000台。公司按照"走名牌之路,建百年临工"发展战略,正向着国内一流、世界知名工程机械制造企业的宏伟目标迈进!

2. 进入相关企业官网查询产品型号及图片

进入山东临工官网http://www.sdlg.cn,可以查看机械设备型号及技术参数,可以利用图片进行制作和宣传,如图1-2-3所示。

图1-2-3　山东临工官网产品设备图

> 活动展示

教师组织班级内部电子图册展览,师生共同制定评分标准,各组选派代表在规定时间内介绍本组PPT,其他全体同学现场观摩,根据选手表现投票,获得点赞量最多的小组获胜。

活动评价

活动评价见表1-2-4。

活动评价表　　　　　　　表1-2-4

评分项	是否达到目标（30%）	活动表现（40%）	职业素养（30%）
评价标准	(1)完全达到； (2)基本达到； (3)未能达到	(1)积极参与； (2)主动性一般； (3)未积极参与	(1)大有提高； (2)略有提高； (3)没有提高
自我评价(20%)			
组内评价(20%)			
组间评价(30%)			
教师评价(30%)			
总分(100%)			
自我总结			

任务三　了解工程机械运用与维修专业发展趋势

任务目标

(1)能简单介绍工程机械运用与维修专业发展趋势。
(2)能介绍当地工程机械维修企业广泛使用的检修设备。

任务内容

活动一：班级内部播报"行业大事我来说"
活动二："多样的工程机械检修设备"电子宣传图册制作

项目一　工程机械运用与维修专业概述

活动一:班级内部播报"行业大事我来说"

伴随着社会的进步、科技的发展,工程机械运用与维修技术日趋成熟,维修设备越来越先进,系统化、网络化更新迅速。在学习之初,我们迫切地想要了解工程机械运用与维修专业的发展趋势。

我愿意把这些工程机械运用与维修专业的发展趋势通过班级内部播报系统——"行业大事我来说"介绍给大家。

活动场景

通过班级内部播报的形式将工程机械运用与维修专业的发展趋势介绍给刚入校的新同学。

活动目标

(1)能用普通话流利地介绍工程机械运用与维修专业的发展趋势。

(2)能合理地安排组内分工,在规定时间内合作完成资料的收集、整理、撰稿。

活动计划

1. 分工

2 名材料收集人员:＿＿＿＿＿＿　　1 名拍照人员:＿＿＿＿＿＿

2 名撰稿人员:＿＿＿＿＿＿　　　　1 名编辑人员:＿＿＿＿＿＿

1 名播报人员:＿＿＿＿＿＿　　　　1 名后勤人员:＿＿＿＿＿＿

2. 设备准备

＿＿＿＿＿＿＿＿＿＿＿＿＿＿＿＿＿＿＿＿＿＿＿＿＿＿＿＿＿＿＿＿

＿＿＿＿＿＿＿＿＿＿＿＿＿＿＿＿＿＿＿＿＿＿＿＿＿＿＿＿＿＿＿＿

3. 小组计划

＿＿＿＿＿＿＿＿＿＿＿＿＿＿＿＿＿＿＿＿＿＿＿＿＿＿＿＿＿＿＿＿

＿＿＿＿＿＿＿＿＿＿＿＿＿＿＿＿＿＿＿＿＿＿＿＿＿＿＿＿＿＿＿＿

＿＿＿＿＿＿＿＿＿＿＿＿＿＿＿＿＿＿＿＿＿＿＿＿＿＿＿＿＿＿＿＿

＿＿＿＿＿＿＿＿＿＿＿＿＿＿＿＿＿＿＿＿＿＿＿＿＿＿＿＿＿＿＿＿

活动资源

工程机械运用与维修专业的发展趋势简介：

工程机械产业由快增长向高质量发展转型，品牌重组、模式重塑、格局重构。工程机械产业智能化、网联化、电动化成为产业创新求变、转型升级的重要方向；大数据、云计算、共建"丝绸之路经济带"描绘产业发展新图景；配合国家政策支持，使工程机械设备市场持续备受关注，设备企业在后疫情时代经受市场的考验与检验；各类售后、维权事件引发经营管理者对业务操作和管理流程的反思，同时也呼吁行业尽快完善各类"标准"，使之成为行业规范管理的重要抓手。

（1）工程机械类设备保有量不断增长，维修需求增幅明显。大型工程机械尤其是挖掘机、装载机、摊铺机、压路机等配套国家战略，成为大基建时代的主力军，从而对维修服务的需求也不断提高，维修行业面临新的挑战。

（2）工程机械设备技术含量不断提高，维修作业方式需要改变。工程机械维修由机械、液压修理为主，稍带一些简单电路检修的传统方式，逐步转向依靠电子设备和信息数据进行诊断与维修。近年来，更出现了工程机械远程诊断技术，对维修技术人员的作业水平也提出了更高的要求。

（3）上级主管部门对工程机械维修行业加大管理力度，工程机械维修服务更加规范。

（4）节能减排呼唤绿色维修。工程机械维修技术将随着新技术应用和代用燃料的更新得到进一步发展。

（5）以进口设备为代表的工程机械厂商开始越来越多地进入工地，智能化、电动化也在逐步推进，这对传统的工程机械设备售后服务、维修作业提出了更高的要求。

（6）电商的出现带来了快捷、方便及服务理念的改变，全面的网络维修咨询以及上门服务成为热点并成为趋势。

当代高新技术的快速发展，工程机械现代化程度的不断提高，对工程机械运用与维修行业的科技含量提出越来越高的要求，维修技术工人队伍正在逐步年轻化、知识化、专业化，由传统的以普通技术工人为主体向以工程机械维修工程师、专业维修技术工人为主体转变。总而言之，全国以液压检测、电器维修为主的工程机械售后服务从业人员面临更新换代，工程机械后市场行业快速发展，市场越来越需要具备专门工程机械类后市场服务技能的高素质人才。需要大量的、受过高等教育的专业人才加入到工程机械后市场服务的人才队伍中。

项目一　工程机械运用与维修专业概述

活动展示

教师组织班级内部播报大赛,师生共同制定评分标准,各组选派代表参加,参赛选手在规定时间内呈现本组活动成果,其他全体同学现场观摩,根据选手表现投票,获得点赞量最多的小组获胜。

活动评价

活动评价见表1-3-1。

活动评价表　　　　　　　表1-3-1

评分项	是否达到目标 （30%）	活动表现 （40%）	职业素养 （30%）
评价标准	（1）完全达到； （2）基本达到； （3）未能达到	（1）积极参与； （2）主动性一般； （3）未积极参与	（1）大有提高； （2）略有提高； （3）没有提高
自我评价(20%)			
组内评价(20%)			
组间评价(30%)			
教师评价(30%)			
总分(100%)			
自我总结			

活动二:"多样的工程机械检修设备"电子宣传图册制作

挖掘机、压路机等工程机械是大量科技的集合产物。我愿意通过自己的视角制作电子宣传图册,将工程机械炫酷多样的检修设备介绍给大家。

活动场景

走访企业和技术人员,网络查阅视频、图文资料,了解工程机械检测维修最常用、最需要的检修设备，制作电子宣传图册将它们介绍给刚入校的新同学。

活动目标

（1）收集工程机械检修与维护的设备视频、图文资料。

（2）能合理的安排组内分工，在规定时间内合作完成资料的收集、整理，PPT的编辑。

活动计划

1. 分工

2 名采访人员：_____　　1 名拍照人员：_____

1 名撰稿人员：_____　　2 名编辑人员：_____

1 名资料收集人员：_____　　1 名后勤人员：_____

2. 设备准备

_____

_____

3. 小组计划

_____

_____

_____

活动资源

以下为几种常见的检测设备。

1. 万用表

万用表是工程机械电气设备检测的常用工具，常用的功能有电压测试、电阻测试、电流测试等。万用表有指针式和数字式两种，数字式万用表能精确测试电子电路，精确度远远超过指针式万用表，普遍用于电气设备诊断与检测，如图 1-3-1 所示。

图 1-3-1　数字式万用表

2. 诊断仪

诊断仪是一种可以与工程机械电脑直接交流信息的仪器，如图 1-3-2 所示。

诊断仪通过该工程机械的自诊断插座在一定协议支持下与该设备电脑进行通信,从而获取电脑工作的重要参数。

3．示波器

示波器是检测设备的一种,它可以把工程机械电气设备的实时工作状态以波形的形式显示在屏幕上,检测人员通过观察波形就可以判断相应故障,如图1-3-3所示。

图1-3-2　诊断仪

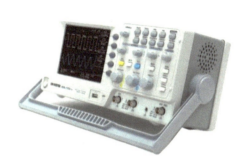

图1-3-3　示波器

4．挖掘机液压压力检测专用工具

挖掘机液压压力检测专用工具是在挖掘机维修过程中,用于液压压力测量的专用工具,如图1-3-4所示。挖掘机液压压力检测专用工具在使用时需要正确连接表头和管路。

5．润滑脂加注枪

润滑脂加注枪是工程机械维护的常用工具,在维护过程中需要熟练使用,如图1-3-5所示。

图1-3-4　挖掘机液压压力
　　　　　检测专用工具

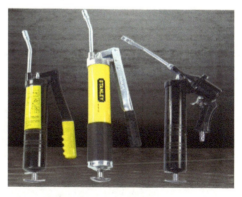

图1-3-5　润滑脂加注枪

活动展示

教师组织班级内部电子图册展览,师生共同制定评分标准,各组选派代表在规定时间内介绍本组PPT,其他全体同学现场观摩,根据选手表现投票,获得点赞量最多的小组获胜。

活动评价

活动评价见表1-3-2。

活 动 评 价 表　　　　表1-3-2

评分项	是否达到目标（30%）	活动表现（40%）	职业素养（30%）
评价标准	(1)完全达到； (2)基本达到； (3)未能达到	(1)积极参与； (2)主动性一般； (3)未积极参与	(1)大有提高； (2)略有提高； (3)没有提高
自我评价(20%)			
组内评价(20%)			
组间评价(30%)			
教师评价(30%)			
总分(100%)			
自我总结			

项目二 工程机械运用与维修专业人才培养概述

任务一 认识工作岗位

任务目标

(1) 能熟练说出工程机械运用与维修专业所能从事的就业岗位以及工作内容。

(2) 能熟练说出工程机械运用与维修专业所对应岗位及岗位职责。

任务内容

活动：制作招聘简章，顺利完成招聘任务

活动：制作招聘简章，顺利完成招聘任务

中国工程机械行业经过长时间的发展，已成为能生产18大类、4500多种规格型号产品，具有相当规模和蓬勃发展活力的制造装备领域支柱产业。2019年，两次重磅会议接连释放"加强基础设施建设"信号，一个新的大基建时代正在揭开大幕，全国基建的预期投资已超过4万亿元，大基建潮的开启，将撬动着工程机械行业的蓬发，作为基础建设重要载体的工程机械行业迎来一个历史性的增长，相应的工作岗位也需要大量专业人才。

活动场景

某地新设立一家大型工程机械服务站，工程机械维修岗位人手不足，需要招贤纳士，作为该服务站的人事专员，需要制作招聘简章，并且顺利完成招聘任务。

活动目标

（1）能与团队合作查阅资料，使用计算机软件制作招聘简章。

（2）能用普通话流利地讲解工程机械运用与维修专业的就业岗位、工作内容和岗位职责。

（3）能顺利地组织完成招聘会。

（4）要求：

①招聘会角色扮演合理、完整。

②介绍专业时使用普通话，举止言谈大方、得体。

③招聘简章条理清晰、内容通俗易懂。

活动计划

1. 分工

2名资料收集人员：_____　　1名编辑人员：_____

1名人资专员：_____　　　　1名应聘人员：_____

1名导演人员：_____　　　　1名编剧人员：_____

2. 剧本准备

_____

_____

_____

_____

_____

活动资源

一、就业岗位

（1）主要工作岗位有工程机械技术咨询、工程机械销售和售后服务、工程机械维修、工程机械保险理赔和配件管理、工程机械设备租赁及工程机械机务管理等，如图2-1-1所示。

（2）主机厂（工程机械制造厂）主要从事机械装配、质量检验等工作，如图2-1-2所示。

图 2-1-1　维修岗位

图 2-1-2　主机厂岗位

（3）工程机械专业培训机构工作，如图 2-1-3 所示。

图 2-1-3　培训机构岗位

(4)主要企业有卡特、沃尔沃、柳工、徐工、山东临工、上海日立、山推、雷沃重工等国内外大型知名企业。

二、薪资待遇

工程机械行业发展非常迅速,为社会就业带来了良好的机遇,发展空间巨大。初级岗位年薪可达 6 万元,中级岗位年薪可达 10 万元,高级岗位年薪可达 20 万元,就业前景广阔,如图 2-1-4 所示。

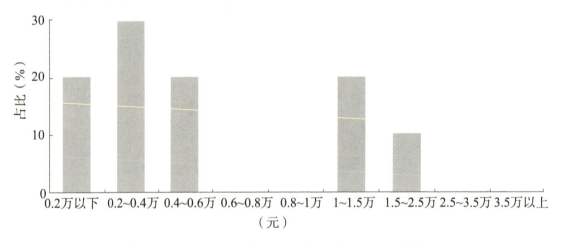

图 2-1-4 工程机械从业人员薪资待遇(月薪)

三、工程机械岗位晋升途径(成长历程)

1. 时间方面

毕业后实际在工作岗位的时间(图 2-1-5):学徒工(6 个月左右)→中级工(1~2 年)→高级工(3~4 年)→技师(5 年)→创业

2. 技能方面

(1)学徒工:工程机械维护、零部件拆装更换。

(2)中级工:按照企业标准流程进行工程机械维修工作。

(3)高级工:工程机械发动机、电器、液压系统维修,特殊故障采取临时措施及时解决。

(4)技师:工程机械故障总结分析、制订故障排除方案。

四、岗位职责

(1)工程机械设备的管理、故障诊断和排除,填写维修日志。

(2)安装、调试、维护设备。

(3)按照公司维修计划进行设备维护及校准。

(4)对设备、维护记录进行总结分析,发现问题,及时上报解决。

(5)工程机械设备发生故障、损坏时,进行修理或采取临时措施及时解决。

(6)负责其他工程机械的维修、技术交流与支持及协调工作。

(7)具有自我防护意识。对人身伤害方面的知识了解,防范性意识强,自我约束性强。按照正确的防护标准进行安全防护,如图2-1-6所示。

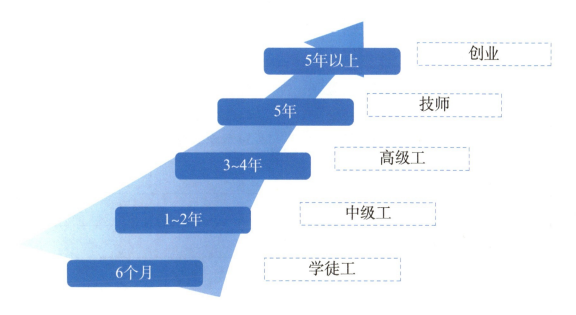

图2-1-5　毕业后实际在工作岗位的时间

a)标准安全防护

b)个人防护用品防护

图2-1-6　安全防护

活动展示

教师审核招聘过程,学生以小组为单位展示,其他组成员可参与应聘。

活动评价

活动评价见表2-1-1。

活动评价表 表2-1-1

评分项	是否达到目标 (30%)	活动表现 (40%)	职业素养 (30%)
评价标准	(1)完全达到; (2)基本达到; (3)未能达到	(1)积极参与; (2)主动性一般; (3)未积极参与	(1)大有提高; (2)略有提高; (3)没有提高
自我评价(20%)			
组内评价(20%)			
组间评价(30%)			
教师评价(30%)			
总分(100%)			
自我总结			

任务二 培养目标及通用职业能力概述

任务目标

(1)能简单概括工程机械运用与维修专业所对应的岗位群的培养目标。

(2)能正确说出通用职业能力所包含的职业素质、专业能力、岗位能力、方法能力、社会能力。

项目二　工程机械运用与维修专业人才培养概述

任务内容

活动一:我来做站长,角色扮演专业培养目标调研活动

活动二:榜样的力量

活动一:我来做站长,角色扮演专业培养目标调研活动

活动场景

根据上一节课了解到的本专业岗位群及岗位职责,假设你是一个工程机械服务站的站长,你将如何确定服务站里各岗位的培养目标,各岗位人员最终达到什么样的水平,才能使你的公司实现经济效益最大化。

活动目标

(1)能正确说出本专业的培养目标。
(2)能设计、填写《岗位群—培养目标对照表》。

活动计划

分工(角色扮演总结本角色专业培养目标)

站长:_____　　　财务部:_____
技术部:_____　　　维修技师:_____
快保技师:_____　　　营销专员:_____
租赁业务员:_____　　　保险专员:_____
《岗位群—培养目标对照表》设计:_____

活动资源

工程机械运用与维修专业培养目标:工程机械运用与维修专业培养思想政治坚定、德技并修、全面发展,适应现代交通基础建设需要,具有良好职业道德、职业生涯发展基础及创新创业精神,掌握工程机械结构原理、工程机械销售服务、工程机械典型总成故障诊断等专业理论知识,具备工程机械整机拆装、工程机械机电液等总成故障诊断检修、工程机械销售、工程机械使用、企业设备管理

29

等技术技能,面向工程机械制造、营销、维修及施工领域的德、智、体、美、劳全面发展的高素质技术技能人才。

活动实施

一、实地考察　收集信息

带领学生参观校企合作企业中的工程机械服务站,了解服务站岗位人员配置,按分工角色详细了解各岗位职责以及胜任岗位必须具备的能力。记录所获信息,填写《岗位群—培养目标对照表》。

二、组内交流

各小组对所收集的资料信息进行交流。讨论作为一个工程机械服务站的管理者,对于各岗位的培养目标所掌握的信息是否充分?要在哪些方面做些修改或补充?随后完善《岗位群—培养目标对照表》,填写自评表和互评表。

活动展示

(小组调研结果交流展示):
各小组通过PPT对活动调研成果进行展示,同时回答其他组员提出的问题。

活动评价

成果展示之后组间互评,各小组长和老师填写《专业培养目标调研评价表》(表2-2-1),给各小组调研成果评分,最终评出优秀调研成果。

组员间评比。通过前面各组填写的《岗位群—培养目标对照表》,结合教师评价,选出各小组的角色扮演明星。

专业培养目标调研评价表　　　　表2-2-1

评分项	是否达到目标 (30%)	活动表现 (40%)	职业素养 (30%)
评价标准	(1)完全达到; (2)基本达到; (3)未能达到	(1)积极参与; (2)主动性一般; (3)未积极参与	(1)大有提高; (2)略有提高; (3)没有提高

续上表

评分项	是否达到目标（30%）	活动表现（40%）	职业素养（30%）
自我评价(20%)			
组内评价(20%)			
组间评价(30%)			
教师评价(30%)			
总分(100%)			
自我总结			

反思总结

一、组员反思

各小组从以下4个方面对活动进行反思：
(1)在小组调研活动中主要发挥了什么作用？扮演的角色完成了哪些任务？
(2)在实地考察、角色扮演、交流讨论、材料调查整理、活动展示、评价打分等活动中，分别收获了什么？
(3)在这次活动中有无失败的体验，在以后的活动中怎样改进？
(4)作为一名工程机械服务站的管理者，你认为各岗位的培养目标应该包括哪些方面？

二、教师总结

依据各小组设计的《岗位群—培养目标对照表》《专业培养目标调研评价表》及组员间互评表对学生的表现予以评价，在充分肯定大家取得的调研成果的同时归纳角色扮演活动的经验和方法，以期指导学生以后自主开展活动。

活动二：榜样的力量

当今世界已进入全球化时代，随着社会产业升级，劳动力结构变化，过去单一的专业知识技能已无法满足社会经济发展的需求。随着职业更迭的加快，对职业的适应性要求越来越高,通用职业素质成为人们学会生存和获取可持续发展的原动力。

活动场景

通过各种途径收集"工程机械"行业内的大国工匠,分组讨论大国工匠的成长历程、性格特点、成功途径、职业能力,总结他们身上值得我们学习的优良品质。结合大国工匠身上的优良品质,分析一下自己的性格特点,以他们为榜样,自己在走上工作岗位后应具备什么样的职业能力。

活动目标

(1)能正确说出通用职业能力的核心能力。
(2)能进行自我学习,总结学习内容,提出具有一定深度的问题。
(3)能正确定位自己,面对性格缺点,发现自己的优点。

活动计划

(1)分工收集"工程机械"大国工匠资料,并总结大国工匠的成长历程、性格特点、成功途径、职业能力:
　①成长历程:_____
　②性格特点:_____
　③成功途径:_____
　④职业能力:
　　a. 职业素质:_____
　　b. 专业能力:_____
　　c. 岗位能力:_____
　　d. 方法能力:_____
　　e. 社会能力:_____
(2)正确定位自己(自我介绍):包括性格缺点、优点;自身具备哪些职业能力使自己能胜任社会岗位;对标大国工匠的职业能力,差别有多大?

活动资源

通用职业能力包括以下五方面。

1. 职业素质

(1) 热爱社会主义祖国和社会主义事业、拥护党的基本路线，在习近平新时代中国特色社会主义指引下，践行社会主义核心价值观，具有深厚的爱国情感和中华民族自豪感。

(2) 具有强烈的社会责任感、明确的职业理想和良好的职业道德，勇于自谋职业和自主创业，能自觉遵守行业法规、规范和企业规章制度。

(3) 具有健康的体魄和良好的心理，能胜任本专业岗位的工作，能在工作中讲求协作，对在竞争中遭遇挫折具有足够的心理承受能力，能在艰苦的工作中不怕困难，奋力进取，不断激发创造热情。

(4) 具有热爱劳动的观念，善于和劳动人民进行情感沟通，了解劳动知识，掌握劳动本领，有从事艰苦工作的思想准备。

(5) 具有良好的人际交往与团队协作能力。

(6) 具有积极的职业竞争和服务的意识。

(7) 具有较强的安全文明生产与节能环保的意识。

2. 专业能力

(1) 了解汽车专业英语知识。

(2) 掌握工程机械发动机、底盘、电气系统、液压系统的结构和工作原理。

(3) 掌握工程机械基础知识，并能进行简单的作业。

(4) 掌握汽车电工电子基础知识，能识读电路图，并能进行简单电路零部件的检测。

(5) 学会使用工程机械维修设备说明书和设备使用说明书。

(6) 熟练使用工程机械维修技术资料或软件。

(7) 了解国内工程机械运用与维修专业的法律法规要求和发展趋势。

(8) 能进行工程机械作业施工的成本估算、费用结算。

(9) 了解工程机械企业机构设置和岗位职责。

(10) 能对本人完成的作业内容进行质量检验和评价。

(11) 具备专业必需的工程机械技术应用能力。

(12) 知识、能力、素质协调发展，能独立分析和解决问题。

3. 岗位能力

(1) 掌握工程机械维修作业合格标准，能对顾客提出的问题进行解答。

(2)具有安全、文明生产和环境保护的相关知识和技能。

(3)遵循标准的规范要求,对已完成工作进行记录,遵守事故防护规章。

4. 方法能力

(1)具有通过网络、文献等不同途径获取信息并进行信息处理的能力。

(2)具有制定工作计划、解决实际问题能力。

(3)具有独立学习获取新知识和新技能的能力。

(4)具有一定的自我控制、管理及评估总结工作结果能力。

5. 社会能力

(1)具有团队合作、沟通协调、人际交往能力,具有客户服务意识。

(2)具有良好的语言、文字表达能力和沟通能力,能通过语言表达使客户清楚维修作业的目的和为客户提供用车建议。能通过语言或书面表达方式就工作任务与合作人员或部门之间进行沟通。

(3)具有较强的社会适应性。

(4)具有良好的职业道德,社会责任感强、遵纪守法。

活动实施

一、阅读观察 收集信息

带领学生观看工程机械专业领域内的大国工匠经典视频,阅读相关资料介绍,进一步熟悉了解大国工匠们的性格特点。分析他们成功的秘籍,总结他们所具有的核心职业能力。

二、组内交流

各小组对所收集的资料信息进行交流。讨论在大国工匠活动中的收获,总结提炼他们所具有的相关通用职业能力,并填写计划中的成长历程、性格特点、成功途径、职业能力表和自我评价表。

活动展示

(小组讨论结果交流展示):

各小组通过PPT或展示卡纸对讨论结果进行展示,同时能回答其他组员提出的相关问题。

活动评价

成果展示之后组间互评,各小组长和老师填写《通用职业能力学习评价表》(表2-2-2),最终评出优秀学习小组。

通用职业能力学习评价表　　　　　表2-2-2

评分项	是否达到目标 （30%）	活动表现 （40%）	职业素养 （30%）
评价标准	（1）完全达到； （2）基本达到； （3）未能达到	（1）积极参与； （2）主动性一般； （3）未积极参与	（1）大有提高； （2）略有提高； （3）没有提高
自我评价(20%)			
组内评价(20%)			
组间评价(30%)			
教师评价(30%)			
总分(100%)			
自我总结			

活动反思

一、组员反思

各小组从以下3个方面对活动进行反思：
(1)阅读大国工匠传记后的收获。
(2)自我的重新认知。
(3)个人以后的发展规划。

二、教师总结

依据各小组设计的《大国工匠资料表》《通用职业能力学习评价表》及组员间互评表对学生的表现予以评价,在充分肯定大家取得的调研成果的同时归纳"汽车钣金与涂装"大国工匠知多少活动的经验和方法,以期指导学生以后自主开展活动。

任务三 课程设置概述

任务目标

（1）能熟练说出工程机械运用与维修专业所开设的课程。
（2）能简单介绍工程机械运用与维修专业各个课程所开设的目的。
（3）能详细介绍工程机械运用与维修专业课的开设目的,并结合目的简单说说自己对专业课的了解。

任务内容

活动:讲述"我所学的课程"

活动:讲述"我所学的课程"

学习工程机械运用与维修专业要先知道学习哪些课程,并且要了解所学课程的开设目的,以及能够培养哪方面能力,这样可以提高学习兴趣。

活动场景

向你的家人或朋友介绍工程机械运用与维修专业的课程,向他们讲述自己所学的内容。

活动目标

能用普通话流利地给家人或朋友介绍工程机械运用与维修专业中的一门课程开设目的,制作视频给家人或朋友观看。

视频要求:
（1）"剧本"合理、完整。
（2）介绍时能用普通话,大方、得体。
（3）视频完整、清晰。

项目二　工程机械运用与维修专业人才培养概述

活动计划

1. 分组

将学生分成若干小组,每组选取工程机械运用与维修专业中的一门课程,各小组选取的课程不能重复。

2. 分工

2 名学生家长人员:_____　　1 名介绍人员:_____

1 名摄像人员:_____　　　　1 名拍照人员:_____

1 名导演人员:_____　　　　1 名编剧人员:_____

1 名后期制作人员:_____

3. 设备准备

_____

_____

4. 剧本准备

_____

_____

_____

活动资源

一、工程机械运用与维修专业主要开设课程

工程机械运用与维修专业课程设置主要分为专业课、专业基础课和公共课三部分,各部分的课程设置情况见表 2-3-1 ~ 表 2-3-3。

（一）专业课

专　业　课　　　　　　表 2-3-1

序号	课　程　名　称	序号	课　程　名　称
1	工程机械发动机构造与维修	4	液压与液力传动
2	工程机械底盘构造与维修	5	工程机械故障诊断与维修
3	工程机械电气设备与维护		

37

(二)专业基础课

专业基础课　　　　　　表 2-3-2

序号	课程名称	序号	课程名称
1	机械识图	4	电工与电子基础
2	汽车文化	5	汽车材料
3	机械基础		

(三)公共课

公　共　课　　　　　　表 2-3-3

序号	课程名称	序号	课程名称
1	思政	6	职业生涯规划
2	语文	7	就业指导
3	数学	8	安全
4	体育	9	企业管理
5	计算机		

二、各课程开设的目的

(一)专业课

1. 工程机械发动机构造与维修

工程机械发动机构造与维修课程的开设目的是通过学习,使学生掌握发动机的燃烧过程及相关的热力学知识;掌握发动机曲柄连杆机构、配气机构、起动系统、冷却系统、润滑系统、燃料供给系统、进排气系统的构造、工作原理、检修和故障诊断等知识;并具备发动机的装配调试和发动机综合故障诊断的能力。

2. 工程机械底盘构造与维护

工程机械底盘构造与维护课程是工程机械运用与维修专业必修课，是学生掌握工程机械基本结构和基本工作原理的入门课程，以培养学生熟悉工程机械各总成结构、工作原理、拆装、检测与调整为主要目的，为后续专业课程的学习和将来从事与工程机械相关的工作打下必要的专业基础。

3. 工程机械电气设备与维护

工程机械电气设备与维护课程是工程机械运用与维修专业的一门专业基础课，其任务是使学生系统地掌握车身电器的构造、工作原理、工作特性，正确使用各类电器，了解现代工程机械电器的发展方向。

4. 液压与液力传动

液压与液力传动课程是工程机械运用与维修专业的一门重要专业基础课，其任务是使学生系统地掌握液压传动的基本理论，液压元件的组成结构及工作原理，液压基本回路种类与工作特性，了解其在工程机械中的运用，通过学习为后续专业课学习打下良好的基础。

5. 工程机械故障诊断与维修

工程机械故障诊断与维修课程是工程机械运用与维修专业的一门专业课。本课程主要介绍工程机械的常见故障现象、故障原因和排除方法，系统地阐述了工程机械修理的基本理论和基本方法，具体分析了工程机械各零件、部件总成和整机检验、修理、装配及调整的原理和方法。使学生了解和掌握工程机械维修的基本知识，并具有一定的故障诊断和排除及动手实践能力，为后续课程的学习和参加实际工作打下坚实的基础。

(二) 专业基础课

1. 机械识图

机械识图课程是技工院校汽车类专业的一门重要专业基础课程，该课程开设的目的是使学生掌握机械制图的基本知识，能熟练阅读中等复杂程度的零件图和简单的装配图，能徒手绘制较简单的零件图和简单的装配图，了解机械制图国家标准和行业标准，培养空间想象力和以图表现物体三维特征的能力，能进行简单零件测绘，养成严谨、细致的工作作风。

2. 汽车文化

汽车文化课程是汽车专业的一门专业基础课程，该课程开设的目的是使学生了解汽车的产生与发展、世界著名汽车公司等汽车知识,让学生全面了解汽车、熟悉汽车、爱好汽车,从而培养学生对汽车相关知识的兴趣,提高学生的人文水平和综合素质,为继续学习其他专业课程准备了扎实的基础知识条件。

3. 机械基础

机械基础课程是技工院校汽车类专业的一门专业基础课程。该课程开设的目的是通过本课程的学习,可以将机械传动常用机构、常用零件、液压传动等与汽车专业方面的知识和技能紧密结合起来,使学生掌握必备的机械基础知识和基本技能,懂得机械工作原理,为后续专业课程的学习奠定基础。

4. 电工与电子基础

电工电子技术已经广泛应用于生产和生活的各个领域,大部分汽车类专业也会涉及仪器仪表的使用和维护及其注意事项。开设电工与电子基础课程可以使学生具备所需的电路分析、模拟电子技术、电气控制技术等基本知识和基本技能,让学生更加安全、正确地使用和维护设备,并正确检修设备。此外,随着科技的发展,新能源电动汽车将会是未来趋势,学好电工与电子基础课程为学生掌握职业技能、提高全面素质、增强职业应变能力和继续学习的能力打下一定的基础。

5. 汽车材料

汽车材料课程是技工院校汽车类专业的一门重要专业基础课程,通过该课程的学习,使学生初步掌握汽车常用金属材料、非金属材料和汽车运行材料的性能、分类、品种、牌号和主要规格,以及合理选择、正确使用汽车材料的基本知识和相关技能,为今后从事汽车工作打下基础。

(三) 公共课

1. 思政

为深入贯彻落实习近平总书记关于教育的重要论述和全国教育大会精神,把思想政治教育贯穿人才培养体系,全面推进思政建设,发挥好每门课程的育人作用,提高人才培养质量,特开设思政课。

2. 语文

语文作为中职学校必修的文化基础课,本课程在专业中的性质、作用、地位:

语文是最重要的交际工具,是人类文化的重要组成部分,工具性与人文性的统一,是语文课程的基本特点。语文课程是中等职业学校学生必修的一门公共基础课。是指导学生正确理解与运用祖国的语言文字,注重基本技能的训练和思维发展,加强语文实践,培养语文的应用能力,为综合职业能力的形成,以及继续学习奠定基础,提高学生的思想道德修养和科学文化素养,弘扬民族优秀文化和吸收人类进步文化,为培养高素质劳动者服务。

中职语文课程要在九年义务教育的基础上,培养学生热爱祖国语言文字的思想感情,使学生进一步提高正确理解与运用祖国语言文字的能力,提高科学文化素养,以适应就业和创业的需要。遵循技术技能人才成长规律,彰显职教特色,加强教学内容与社会生活、职业生活的联系,突出语文实践;注重语文课程与专业课程的融通与配合,指导学生学习必需的语文基础知识,掌握日常生活和职业岗位需要的现代文阅读能力、写作能力、口语交际能力。

3. 数学

数学教育作为教育的组成部分,在发展和完善人的教育活动中、在形成人们认识世界的态度和思想方法方面、在推动社会进步和发展过程中起着重要的作用。在现代社会中,数学教育又是终身教育的重要方面,它是公民进一步深造的基础,是终身发展的需要。数学教育在中等职业教育中占有重要的地位,它使学生掌握数学的基本知识、基本技能、基本思想方法,使学生表达清晰、思考有条理,使学生具有实事求是的态度,使学生学会用数学的思考方式去认识世界,解决问题。

数学课程的任务是:

(1)提高学生的数学素养,使学生掌握社会生活所必需的数学基础知识和基本运算能力。培养学生的基本计算工具的使用能力,培养学生的数学思维能力,提升学生的数学应用意识。

(2)为学生学习职业知识和形成职业技能奠定基础。

(3)为学生接受继续教育、终身教育和自申发展,转换职业岗位提供必要的条件。

以代数、三角的内容为基础,注重与生活实际和专业课程学习的联系,增加趣味性与可读性、降低数学知识的系统性要求,降低推理和证明的难度,强调低起点、可接受、重应用的原则,使学生愿意学,学得懂,学了会用,数学基础不同的学生都能获得不同的提高,注重提高学生的数学思维能力,强调数学思想方法的应用,以利于激发学生学习数学的兴趣,发展学生的数学应用意识。

4. 体育

体育课程是中等职业院校各类专业学生必修的文化基础课。

体育课程旨在全面提高学生身体素质,发展身体基本活动能力,增进学生身心健康,培养学生从事未来职业所必需的体能和社会适应能力。使学生掌握必要的体育与卫生保健基础知识和运动技能,增强体育锻炼与保健意识,了解一定的科学锻炼和娱乐休闲方法;注重学生个性与体育特长的发展,提高自主锻炼、自我保健、自我评价和自我调控的能力,为学生终身锻炼、继续学习与创业立业奠定基础。

通过体育教学,进行爱国主义、集体主义和职业道德与行为规范教育,提高学生社会责任感。

5. 计算机

计算机课程的目的,在于通过本课程的学习,使学生在基本掌握计算机基础知识的基础上,理解计算机的常用术语和基本概念;学生能较熟练使用 Windows 操作平台,熟练掌握 Office 的主要软件,对音频、视频、动画等信息能进行简单的处理,具有网络的入门知识。通过对本课程的学习,培养学生的自学能力和获取计算机新知识、新技术的能力,具有使用计算机工具进行文字处理、数据处理、信息获取三种能力。

总之,本课程旨在培养学生掌握计算机应用的实际操作能力,对于各专业的学生而言,应具有熟练使用计算机操作系统、熟练办公软件、熟练上网操作的能力,以提高其综合素养。

6. 职业生涯规划

(1)知识目标:了解大学生就业形势;掌握职业生涯规划与设计的基本方法;掌握生涯决策、求职应聘等通用技能。

(2)能力目标:能实现职业态度转变,建立积极正确的职业态度;具备自我认识、自我规划的能力;掌握与同学、老师、上级、同事建立良好合作关系的方法和技巧。

(3)素养目标:树立积极的人生观、价值观、就业观、择业观和职业发展观;确立明确积极的人生目标和职业理想;培养敬业奉献精神和诚信守法意识。

7. 就业指导

（1）知识目标：了解国家及当地的就业形势、就业方针政策，把握职业选择的原则和方向；了解职业发展的阶段特点；认识自己的特性、职业的特性以及社会环境；掌握就业权益、劳动法规的相关知识；掌握基本的劳动力市场信息、相关的职业分类知识以及创业的基本知识，树立创业意识。

（2）能力目标：掌握信息搜索与管理技能；掌握求职的技巧和礼仪；能根据自身的条件、特点、职业目标、职业方向、社会需求等情况，选择适当的职业；提高自我探索能力、独立思考和勇于创新的能力；提高沟通技能、问题解决技能、自我管理技能、人际交往技能和团队协作精神等。

（3）素养目标：激发学生的社会责任感，增强学生自信心，树立正确的择业就业和职业道德观念；把个人发展和国家需要、社会发展相结合，确立职业的概念和意识，愿意为个人的生涯发展和社会发展主动付出积极的努力。

8. 安全

（1）知识目标：了解安全基本知识；了解校园安全隐患；掌握与安全问题相关的法律法规和校规校纪；明确危害安全的行为。

（2）能力目标：掌握各种不同安全问题的应对策略；掌握紧急情况下的逃生策略。

（3）素养目标：认识安全的必要性，树立正确的安全意识及安全防卫心理，增强社会责任感。

9. 企业管理

（1）知识目标：掌握汽车维修企业管理概述；掌握企业管理的经营与策略；掌握企业的生产管理；掌握企业质量管理；掌握企业财务管理；掌握企业人力资源管理。

（2）能力目标：能对案例进行分析，并举一反三；能做到理论与实践相结合。

（3）素养目标：培养学生的团队协作精神和沟通能力；培养学生的语言表达能力和社会交往能力；培养学生的企业管理意识，增强其思维能力、自我学习和提升的能力；培养学生的职业道德观念、敬业精神和社会责任感。

活动展示

教师审核视频，学生以小组为单位在自媒体上展示，获取点赞量。

活动评价

活动评价见表2-3-4。

活动评价表　　　　　表2-3-4

评分项	是否达到目标（30%）	活动表现（40%）	职业素养（30%）
评价标准	(1)完全达到； (2)基本达到； (3)未能达到	(1)积极参与； (2)主动性一般； (3)未积极参与	(1)大有提高； (2)略有提高； (3)没有提高
自我评价(20%)			
组内评价(20%)			
组间评价(30%)			
教师评价(30%)			
总分(100%)			
自我总结			

教师考核

趣味连连看

通过各组讲述"我的课程",同学们已经对工程机械运用与维修专业中的每一门课程的开设目的有所了解;现将每一门课程的名称和开设目的做成展板;请

项目二　工程机械运用与维修专业人才培养概述

各组把每一门课程名称和这门课程的开设目的用线连起来。

任务四　学习目标保障措施概述

任务目标

（1）能熟练介绍工程机械运用与维修专业技能训练场地。
（2）能简单介绍各优秀团队,能详细介绍至少1个最关注的团队。
（3）能简单介绍各社团组织,能详细介绍至少1个最关注的社团。

任务内容

活动一:"我的地盘"我来说,视频制作比赛
活动二:"优秀团队"视频制作

活动一:"我的地盘"我来说,视频制作比赛

工程机械实训中心是培养我们职业能力、技术应用能力的实践训练场所,主要模拟企业生产实践环境,培养可以胜任企业需要的职业操作技能。对完成学习任务,达至学习目标起着重要的作用。

这里是我学习专业技能的起点,这里的全部都是助力我成才的伙伴,我会努力地了解他们、学习他们、呵护他们,我为有这些伙伴而骄傲,我愿意自豪地将他们介绍给大家。

活动场景

校外某单位领导到校想了解一下工程机械运用与维修实训场地,用自己的方式给领导们介绍一下,让其对我们的实训场地能有深刻印象,最终将介绍的过程用视频的形式记录下来。

活动目标

（1）能用普通话流利地给参观人员介绍实训场地。

45

(2)能将介绍过程(视频、照片)合成 2min 左右视频。

(3)视频要求：

①"剧本"合理、完整。

②介绍时能用普通话，大方、得体。

③视频完整、清晰。

活动计划

1. 分工

2 名领导人员：_____　　　1 名介绍人员：_____

1 名摄像人员：_____　　　1 名拍照人员：_____

1 名导演人员：_____　　　1 名编剧人员：_____

1 名后期制作人员：_____

2. 设备准备

_____

_____

_____

_____

3. 剧本准备

_____

_____

_____

_____

_____

活动资源

工程机械运用与维修实训中心简介。

一、位置

工程机械运用与维修实训中心位置如图 2-4-1 所示。

二、实训场地

工程机械运用与维修实训中心占地面积 2400 多 m^2，包含 3 个电器实训工位,7个柴油机拆装实训工位,2个变速器拆装实训工位,2个车桥拆装实训工位,3个电控柴油机实训工位,1个四轮定位实训工位,2个VOLVO整机实训工位,2个柳工整机实训工位,3个CAT整机实训工位,2个载货汽车实训工位,1个博世高压共轨维修实训室,2个理论教室,如图2-4-2所示。同时可容纳近百人实训学习。

图2-4-1　工程机械运用与维修实训中心

三、CAT整机实训工位

配备1台CAT 301.7挖掘机实训设备,1台CAT 246D滑移转向装载机实训设备,1台CAT C4.4发电机组(图2-4-3),既能与实际维修站生产贴近又能满足多人同时操作的教学需要。

四、VOLVO实训工位

配备1台VOLVO EC75D挖掘机,1台VOLVO DD15压路机(图2-4-4),可满足工程机械发动机系统、液压系统的教学需求,可容纳多名学生同时学习。

五、柳工实训工位

配备有1台柳工777A挖掘装载机,1台柳工835装载机(图2-4-5),可满足工程机械维护、电气系统的教学需求。

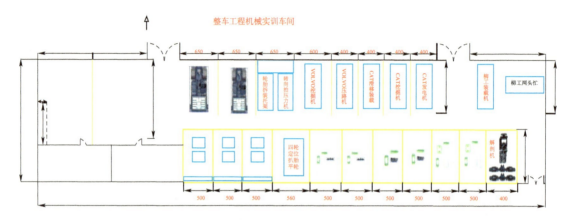

图 2-4-2　工程机械运用与维修实训中心实训场地

项目二 工程机械运用与维修专业人才培养概述

图 2-4-3 CAT 整机实训工位

图 2-4-4　VOLVO 实训工位

图 2-4-5　柳工实训工位

六、博世高压共轨维修实训室

配备有博世 EPS708 油泵喷油器试验台及配套设备(图 2-4-6),可以满足柴油机高压共轨系统的检测与维修。

图 2-4-6　博世高压共轨维修实训室

活动展示

教师审核视频,学生以小组为单位在自媒体上展示,获取点赞量。

活动评价

活动评价见表 2-4-1。

活 动 评 价 表　　　　　　表 2-4-1

评分项	是否达到目标 (30%)	活动表现 (40%)	职业素养 (30%)
评价标准	(1)完全达到; (2)基本达到; (3)未能达到	(1)积极参与; (2)主动性一般; (3)未积极参与	(1)大有提高; (2)略有提高; (3)没有提高
自我评价(20%)			

续上表

评分项	是否达到目标（30%）	活动表现（40%）	职业素养（30%）
组内评价(20%)			
组间评价(30%)			
教师评价(30%)			
总分(100%)			
自我总结			

活动二:"优秀团队"视频制作

在学院学习和生活过程中,涌现出许多优秀的团队和社团,为了扩大优秀团队和社团的影响力,能让更多的同学参与进来,丰富学生的学习和生活,进行"优秀团队"视频制作。

活动场景

院外某单位领导到学院想了解一下我院一些优秀学生队伍,用自己的方式给领导们介绍一下,让其对我们的优秀团队能有深刻印象,最终将介绍的过程用视频的形式记录下来。

活动目标

(1)能用普通话流利地给参观人员介绍各优秀团队和社团。
(2)能将介绍过程(视频、照片)合成2min左右视频。
(3)视频要求:
①"剧本"合理、完整。
②介绍时能用普通话,大方、得体。
③视频完整、清晰。

项目二　工程机械运用与维修专业人才培养概述

活动计划

1. 分工

2 名领导人员：_____　　　1 名介绍人员：_____

1 名摄像人员：_____　　　1 名拍照人员：_____

1 名导演人员：_____　　　1 名编剧人员：_____

1 名后期制作人员：_____

2. 设备准备

_____

_____

3. 剧本准备

_____

_____

_____

_____

活动资源

1. 比赛训练团队

重型车辆技术集训队是山东交通技师学院优秀团队之一（图 2-4-7），该团队以"新时代、新技能、新梦想"为宗旨，制定了全面科学系统的训练方案，注重选手的心理及体能训练，积极发挥团队力量，参赛选手刻苦训练，顽强拼搏，积极备战，奋勇争先，在世界技能大赛山东省选拔赛获得第一名，全国选拔赛获得第四名，在其他比赛项目中屡获佳绩。

图 2-4-7　重型车辆技术集训队

重型车辆技术集训基地先后被评为世界技能大赛重型车辆技术项目山东省集训基地、第45届世界技能大赛重型车辆技术项目中国集训基地。

2. 国旗班

山东交通技师学院国旗班(图2-4-8)以升旗、降旗、爱旗、护旗为自己的神圣职责,用青春的汗水和真诚捍卫着祖国国旗的尊严,形成了一道亮丽的学院风景线,国旗班的优秀表现展现了山东交通技师学院学子独有的风采,以崭新的面貌树起了山东交通技师学院的一面独特旗帜。国旗班每一届的队员都秉承着"生命不息、奋斗不止"信念,默默为这个集体付出,紧紧围绕学院赋予国旗班的工作重心,同心协力,顽强拼搏,圆满完成了学院交予的各项任务。

图2-4-8 山东交通技师学院国旗班

3. 学生会

学生会(图2-4-9),是现在学院中的组织结构之一,是学生自己的群众性组织,是学院联系学生的桥梁和纽带。学生应该自觉接受学生会的领导、督促和检查,积极支持学生会的各项工作。参加学生会不仅可以锻炼我们的能力、提高自身修养,还可以帮助他人、交到更多的朋友,可以作为一种进入社会的提前适应阶段。学生会设立以下部门:

汽车学院
国旗班介绍

图2-4-9 山东交通技师学院学生会

（1）宿管部：检查、督促宿舍楼道、楼梯及宿舍内部卫生。
（2）卫生部：检查、督促教学楼楼道、楼梯及卫生区卫生。
（3）文体部：组织学生开展文体活动和周末人数清点工作。
（4）纪检部：负责课间、自习、晚休等时间段纪律检查。
（5）办公室：汇总统计各量化表格以及其他电子文档制作。
（6）社团部：负责协助、督促各社团有序开展活动。

除以上各部门任务外，还协助学院完成各项大型活动组织任务，例如：迎新工作、运动会、各类晚会、演讲比赛、技能比赛等。

4. 山东交通技师学院社团简介

社团活动作为山东交通技师学院第二课堂主要阵地和特色品牌之一，一直深受广大同学的好评，社团活动是学院文化建设的主要阵地，是加强和改进学生思想政治教育的重要途径，是学生创新精神和实践能力培养的重要载体。以其具有的思想性、艺术性、知识性、趣味性、多样性的多种形式吸引着广大学生参与其中，已成为广大学生丰富学院生活、参与学院活动、延伸求知领域、扩大交友范围的一种重要方式。

汽车学院
学生会介绍

山东交通技师学院社团由学生会社团部统一管理，下设龙鼓盛世社团、篮球社团、足球社团、乒乓球社团、演讲社团、歌唱社团、北极熊跆拳道社团、羽毛球社团、摄影社团等多个社团，同学们也可以根据自己的喜好成立新的社团。下面是山东交通技师学院部分社团展示。

（1）龙鼓盛世社团（图2-4-10）：该社团以学习传统舞龙、锣鼓为主，新学期还将开设舞狮学习。该社团荣获山东省第十届全民健身运动会舞龙舞狮锣鼓网络比赛少年组二等奖、临沂市一等奖的佳绩。

图2-4-10　龙鼓盛世社团

龙鼓盛世社团介绍

（2）篮球社团是我院最早成立的社团之一（图2-4-11），也是比较受学生喜爱的一个社团。社团制定社团章程,建立和完善社团自主管理和发展的运行机制,完善社团成员管理考核制度,建立社团评审制度,为社团的发展提供良好的基础和保证。

图2-4-11　篮球社团

(3)足球社团是一个以开展文娱和体育活动为目的的非营利性质的学生社团(图2-4-12)。加入足球社团可以促进学生身心健康发展,培养德智体美全面发展的人才。足球社团宗旨是发扬我院足球运动,发掘足球天赋人员,增强体育锻炼,健强体魄,积极组织同学们参加活动。

图2-4-12　足球社团

(4)歌唱社团(图2-4-13)以"快乐歌唱、享受歌唱"为宗旨,通过社团活动这个平台,同学们互相交流,互相学习,提高自身的歌唱能力。歌唱社团成立以来,通过有计划的学习,有目的地训练,队员的个人素质和综合素质都得到了较大的提升,演唱技巧和技能、表演技巧、艺术素养都有长足的进步。

(5)演讲社团(图2-4-14)致力于学生公众表达能力的提升,以投资口才就是投资未来为理念,旨在实现展现学生讲的艺术、说的风采,促进学生口才文化与和谐人际关系建设,提高学生的文化素质,丰富学院文化生活,活跃学院文化气氛,在艺术实践活动中进行爱党、爱国、爱家、爱校教育,陶冶情操。

图 2-4-13 歌唱社团

图 2-4-14 演讲社团

（6）山东交通技师学院北极熊跆拳道社团是我院成立最早的社团之一（图 2-4-15）。跆拳道起源于朝鲜半岛，经历千年洗礼和锤炼。以"始于礼，终于礼"的精神为基础，讲究礼仪。"礼仪"是跆拳道基本精神的具体体现。跆拳道具有防身、健身、修身、养身、娱乐观赏等多方面的作用。是练习者精神和身体的综合修炼，使练习者在艰苦磨炼中培养出理想的人格和体魄，并能够真正掌握防身自卫的本领。

图 2-4-15 北极熊跆拳道社团

（7）提高羽毛球技艺，组织学院学生进行羽毛球比赛，强健同学们的体魄。汇集学院热爱羽毛球的同学在课外时间进行锻炼，丰富同学们的课余生活，这就是我们的羽毛球社团，如图 2-4-16 所示。

图 2-4-16　羽毛球社团

（8）摄影社团（图 2-4-17）的每一位社员都对摄影抱有浓厚的兴趣，在日常生活中我时常拿起照相机拍下自己认为美的东西，摄影魅力在于按下快门，记录感动的刹那。很多美不需要太多优美的动作去诠释，而恰恰仅需要一个画面去记录每个永恒的瞬间。每一个社员都会用眼睛、用专业的知识、用手头的工具，去观察、去记录身边稍纵即逝的美。

图 2-4-17　摄影社团

学院部分社团

活动展示

教师审核视频，学生以小组为单位在自媒体上展示，获取点赞量。

活动评价

活动评价见表 2-4-2。

活 动 评 价 表　　　　表 2-4-2

评分项	是否达到目标 （30%）	活动表现 （40%）	职业素养 （30%）
评价标准	（1）完全达到； （2）基本达到； （3）未能达到	（1）积极参与； （2）主动性一般； （3）未积极参与	（1）大有提高； （2）略有提高； （3）没有提高

续上表

评分项	是否达到目标（30%）	活动表现（40%）	职业素养（30%）
自我评价(20%)			
组内评价(20%)			
组间评价(30%)			
教师评价(30%)			
总分(100%)			
自我总结			

项目三　工程机械运用与维修专业知识

任务一　挖掘机的结构认知与维护概述

任务目标

(1)准确熟练介绍沃尔沃挖掘机的配置和结构。
(2)规范完成沃尔沃挖掘机基本的维护内容。
(3)熟悉沃尔沃挖掘机的操作并规范完成简单工作任务。

任务内容

活动一:"我的设备"我来介绍
活动二:"我的设备"我来维护
活动三:"我的设备"我来操作

活动一:"我的设备"我来介绍

挖掘机是各种基建工程、道路、水利等施工不可或缺的工具,素有"经济活动温度计"之称。挖掘机销量通常被视为显示基建投资状况的主要指标之一。

在工程机械领域,挖掘机是占领市场的领先机械产品,功能之多,作用之大,用途之广,在工程机械领域被称为"工程机械龙头老大"。挖掘机出现的雏形是1836年蒸汽机驱动的"动力铲",主要用于挖运河和铁路建设,1899年,内燃机与电动机驱动的单斗挖掘机出现。后来,挖掘机传动形式的液压化,是挖掘机在机械传动传统结构发展到现代结构的一次跃进。发展到现在,挖掘机控制方式的不断革新,使挖掘机由简单的杠杆操纵发展到液压操纵等多种操纵方式。

挖掘机从原来的主要用于运河和铁路建设的土方机械,到现在在房建、路桥、水利水电、岩土、暖通等各个建筑行业中的广泛应用,基本上已经突破了土方机械这个领域,而延伸到整个工程建设领域。

针对市场上应用广泛的工程机械,我将以沃尔沃 EC75D 挖掘机为例,把这款设备通过班级内部播报系统"我的设备我来介绍"讲给大家。

活动场景

通过班级内部播报的形式将沃尔沃 EC75D 挖掘机介绍给工程机械专业的同学。

活动目标

(1)能用普通话流利地介绍沃尔沃 EC75D 挖掘机的性能和结构。
(2)能合理地安排组内分工,在规定时间内合作完成资料的收集、整理、撰稿。

活动计划

1. 分工

2 名材料收集人员:＿＿＿＿＿＿　　1 名拍照人员:＿＿＿＿＿＿
2 名撰稿人员:＿＿＿＿＿＿　　　　1 名编辑人员:＿＿＿＿＿＿
1 名播报人员:＿＿＿＿＿＿　　　　1 名后勤人员:＿＿＿＿＿＿

2. 设备准备

＿＿＿＿＿＿＿＿＿＿＿＿＿＿＿＿＿＿＿＿＿＿＿＿＿＿＿＿＿＿＿＿＿＿
＿＿＿＿＿＿＿＿＿＿＿＿＿＿＿＿＿＿＿＿＿＿＿＿＿＿＿＿＿＿＿＿＿＿

3. 小组计划

＿＿＿＿＿＿＿＿＿＿＿＿＿＿＿＿＿＿＿＿＿＿＿＿＿＿＿＿＿＿＿＿＿＿
＿＿＿＿＿＿＿＿＿＿＿＿＿＿＿＿＿＿＿＿＿＿＿＿＿＿＿＿＿＿＿＿＿＿
＿＿＿＿＿＿＿＿＿＿＿＿＿＿＿＿＿＿＿＿＿＿＿＿＿＿＿＿＿＿＿＿＿＿

活动资源

挖掘机,又称挖掘机械(excavating machinery),是用铲斗挖掘高于或低于承机面的物料,并装入运输车辆或卸至堆料场的土方机械,是土石方施工中的主要机械设备之一。它广泛应用于交通运输工业与民用建筑、水利水电工程、矿山采掘等工程领域,主要用于开挖建筑物或厂房基础、挖掘土料、开挖新路基沟渠等施工作业。挖掘机更换工作装置,也可以进行起重、打桩、破碎、夯土等作业。

一、挖掘机的分类

常见的挖掘机按驱动方式分类可分为内燃机驱动挖掘机和电力驱动挖掘机两种。其中电力驱动挖掘机主要应用在高原缺氧与地下矿井和其他一些易燃易爆的场所。

按照吨位的不同分类,挖掘机可分为大型挖掘机、中型挖掘机和小型挖掘机。一般20t以下的属于小型挖掘机(图3-1-1),20~30t的属于中型挖掘机(图3-1-2),30t以上的则属于大型挖掘机(图3-1-3)。

图3-1-1　小型挖掘机

图3-1-2　中型挖掘机

图3-1-3　大型挖掘机

按照行走方式的不同分类,挖掘机可分为履带式挖掘机和轮胎式挖掘机,如图3-1-4、图3-1-5所示。

图3-1-4　轮胎式挖掘机

图3-1-5　履带式挖掘机

按照传动方式的不同分类,挖掘机可分为液压挖掘机和机械挖掘机。机械挖掘机主要用在一些大型矿山上。

按照用途分类,挖掘机又可分为通用挖掘机、矿用挖掘机、船用挖掘机、特种挖掘机等不同的类别。

按照铲斗分类,挖掘机又可分为正铲挖掘机、反铲挖掘机、拉铲挖掘机和抓铲挖掘机。正铲挖掘机多用于挖掘地表以上的物料,反铲挖掘机多用于挖掘地表以下的物料。

(1)反铲挖掘机(图3-1-6)。反铲式是我们最常见的,向后向下,强制切土。可以用于停机作业面以下的挖掘,基本作业方式有:沟端挖掘、沟侧挖掘、直线挖掘、曲线挖掘、保持一定角度挖掘、超深沟挖掘和沟坡挖掘等。

(2)正铲挖掘机(图3-1-7)。正铲挖掘机的铲土动作形式特点是"前进向上,强制切土"。正铲挖掘力大,能开挖停机面以上的土,正铲的挖斗比同当量的反铲的挖掘机的挖斗要大一些。正铲挖掘机的开挖方式根据开挖路线与运输车辆的相对位置的不同,挖土和卸土的方式有以下两种:正向挖土,侧向卸土;正向挖土,反向卸土。

图3-1-6　反铲挖掘机

图3-1-7　正铲挖掘机

(3)拉铲挖掘机(图3-1-8)。拉铲挖掘机又称索铲挖掘机。其挖土特点是:"向后向下,自重切土"。工作时,利用惯性力将铲斗甩出去,挖得比较远,挖土半径和挖土深度较大,但不如反铲灵活准确。尤其适用于开挖大而深的基坑或水下挖土。

(4)抓铲挖掘机(图3-1-9)。抓铲挖掘机又称抓斗挖掘机。其挖土特点是:

"直上直下，自重切土"。尤其适用于挖深而窄的基坑，疏通旧有渠道以及挖取水中淤泥等，或用于装载碎石、矿渣等松散料等。如将抓斗做成栅条状，还可用于储木场装载矿石块、木片、木材等。

图 3-1-8　拉铲挖掘机

图 3-1-9　抓铲挖掘机

二、挖掘机的结构

现今的挖掘机绝大部分是全液压全回转挖掘机。液压挖掘机主要由发动机、液压传动系统、工作装置、回转与行走装置和电气控制系统等部分组成。

（1）发动机是液压挖掘机的动力源。液压传动系统通过液压泵将发动机的动力传递给液压马达、液压缸等执行元件，推动工作装置动作，从而完成各种作业。

（2）液压传动系统由液压泵、控制阀、液压缸、液压马达、管路、油箱等组成。

（3）工作装置是直接完成挖掘任务的装置。它由动臂、斗杆、铲斗铰接而成。为了适应各种不同施工作业的需要，液压挖掘机可以配装多种工作装置，如挖掘、起重、装载、平整、夹钳、推土、冲击锤，旋挖钻等多种作业机具。

（4）回转与行走装置是液压挖掘机的机体，转台上部设有动力装置和传动系统。

（5）电气控制系统包括监控盘、发动机控制系统、泵控制系统、各类传感器、电磁阀等。

了解了挖掘机的基本构造,那就让我们一起来研究沃尔沃 EC75D 挖掘机的结构和配置,如图 3-1-10、图 3-1-11 所示。

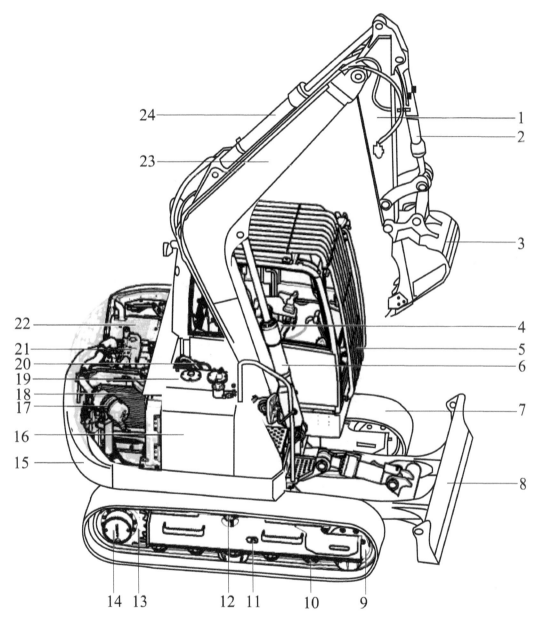

图 3-1-10　沃尔沃 EC75D 挖掘机结构图(一)

1-小臂;2-铲斗油缸;3-铲斗;4-操作员座椅;5-FOG(落体防护);6-大臂油缸;7-履带链;8-推土机平铲;9-引导轮;10-支重轮;11-履带张紧润滑脂阀门;12-托链轮;13-链轮齿;14-行走马达;15-配重;16-燃油箱;17-空气滤清器;18-散热器;19-液压油箱;20-主控阀;21-发动机;22-消声器;23-大臂;24-铲斗小臂油缸

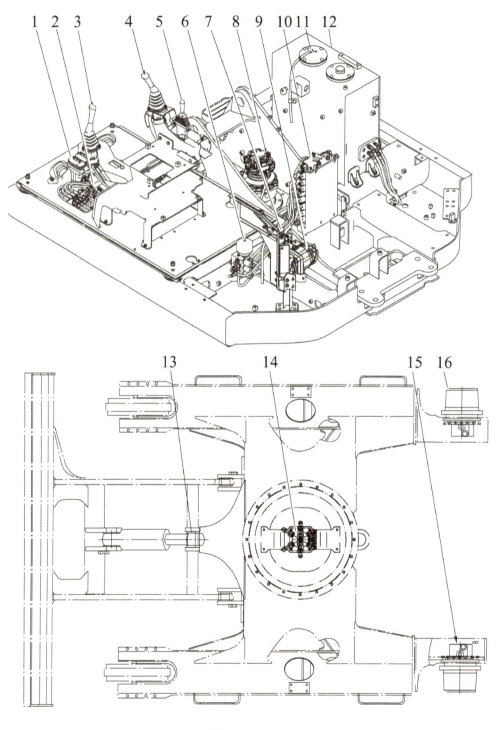

图 3-1-11

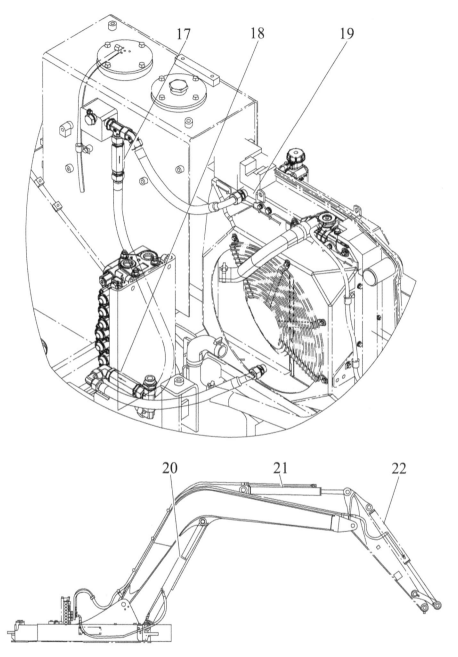

图 3-1-11 沃尔沃 EC75D 挖掘机结构图（二）

1-行走脚踏阀；2-进回油块；3-左先导手柄；4-右先导手柄；5-推土铲先导手柄（选装）；6-先导油源阀；7-滤油器；8-回转马达；9-主泵；10-主阀；11-排气装置；12-液压油箱；13-推土铲油缸（选装）；14-回转接头；15-行走马达（左）；16-行走马达（右）；17-止回阀（0.6MPa）；18-止回阀（0.3MPa）；19-液压油散热器；20-大臂油缸；21-小臂油缸；22-铲斗油缸

活动展示

教师组织班级内部播报大赛,师生共同制定评分标准,各组选派代表参加,参赛选手在规定时间内呈现本组活动成果,其他全体同学现场观摩,根据选手表现投票,获得点赞数量最多的小组获胜。

活动评价

活动评价见表3-1-1。

活动评价表　　　　　　　　表3-1-1

评分项	是否达到目标（30%）	活动表现（40%）	职业素养（30%）
评价标准	(1)完全达到； (2)基本达到； (3)未能达到	(1)积极参与； (2)主动性一般； (3)未积极参与	(1)大有提高； (2)略有提高； (3)没有提高
自我评价(20%)			
组内评价(20%)			
组间评价(30%)			
教师评价(30%)			
总分(100%)			
自我总结			

活动二:"我的设备"我来维护

挖掘机跟人一样,需要定期检查身体,对于挖掘机来说,定期的维护,其真正的目的在于:一方面减少机器的故障,从而延长机器使用寿命;另一方面提高工作效率,降低作业成本。

项目三　工程机械运用与维修专业知识

现在我以沃尔沃 EC75D 挖掘机作为操作机器,通过每 10h 的维护内容展示给大家。

活动场景

在操作场地上,完成沃尔沃 EC75D 挖掘机的维护。

活动目标

(1)能根据手册提示,规范完成沃尔沃 EC75D 挖掘机的维护。
(2)在维护过程中,注意人身安全和设备安全,场地做好 7S 管理。

活动计划

1. 分工
2 名材料收集人员：_____　　1 名拍照人员：_____
2 名撰稿人员：_____　　　　1 名编辑人员：_____
1 名维护人员：_____　　　　1 名后勤人员：_____

2. 设备准备
_____
_____

3. 小组计划
_____
_____
_____

活动资源

一、油水分离器的排放

油水分离器如图 3-1-12 所示。
每 10h(作业小时)检查一次油水分离器,必要时进行排放。
油水分离器的设计是去除供应发动机燃油中的水分。
如果油水分离器损坏,则为油水分离器更换新的滤芯。

(1)将排放软管(D)接入一个容器中。

(2)松开排放旋塞(C)进行排放,并收集排出的水。

(3)关闭燃油旋塞。

以环保的方式处理过滤器、燃油与液体。

二、冷却液液位的检查

发动机冷却系统如图 3-1-13 所示。

每 10h(作业小时)检查一次冷却液液位。

无防护的皮肤有被烫伤和严重烧伤的风险。

灼热的高压冷却液可能会冲出膨胀箱,从而导致严重烧伤。

拆下膨胀箱压力盖之前:

(1)关闭发动机。

(2)让发动机冷却。

(3)穿戴个人防护设备,包括面罩、围裙和手套。

(4)慢慢地转动压力盖以释放压力。

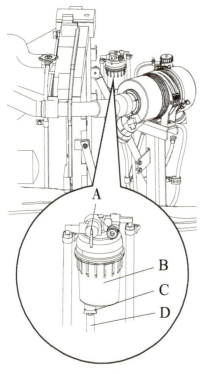

图 3-1-12　油水分离器
A-燃油旋塞;B-油水分离器;
C-排放旋塞;D-排放软管

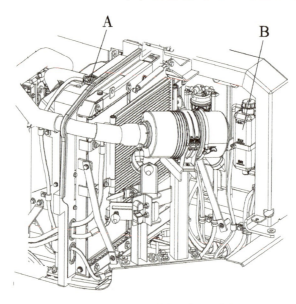

图 3-1-13　发动机冷却系统
A-散热器盖;B-膨胀箱

即使冷却液液位正确,如果发动机温度还是太高,应该清洁散热器。

如果发动机温度仍然很高,必须具备资质的维修技术人员进行维修。

(1)把机器停放在平坦、坚实和水平地面。

(2)检查膨胀箱(B)上的冷却液液位。液位应在 MAX(最高)和 MIN(最低)之间。

如果冷却液液位较低,通过散热器盖(A)将冷却液加注至规定液面。

三、液压油液位的检查

每 10h(作业小时)要检查机油液位。

(1)将机器按照图 3-1-14 所示维修位置进行停放。

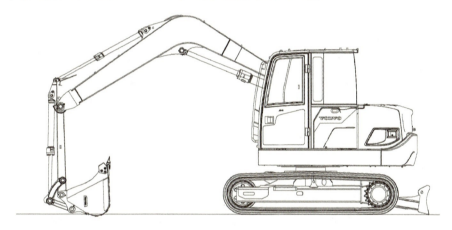

图 3-1-14　维修位置

(2)向上移动控制锁禁杆以牢牢锁住系统,并停止发动机,如图 3-1-15 所示。

(3)检查观测计(A)上的液压油液位。

(4)如果液位处于量表中间,则液位正确。

(5)如果液位低:

①拆下螺钉(B)。

②拆除盖子(C),随后拆除弹簧。

③加满液压油并检查液位。

④如果液位正常,清洁拆卸的部件并安装。

使用与系统中已经存在的相同的液压油。如果混合不同品牌的液压油,液压系统可能损坏。

(6)如果液位高:

①在液压油箱下放一个大小合适的容器。

②拆除保护帽(D)并连接排放软管(E)(图 3-1-16),这与排放发动机润滑油所用的软管相同。

③将液压油排放到一个容器中。

以环保的方式处理过滤器、液压油与液体。

④断开排放软管并安装保护帽。

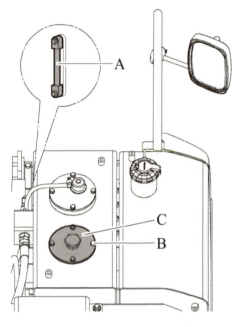

图 3-1-15　控制锁禁杆
A-观测计;B-螺钉;C-盖子

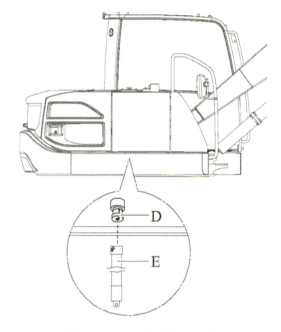

图 3-1-16　液压油液位
D-保护帽;E-排放软管

四、皮带状况的检查

(1)将机器按照图 3-1-17 所示维修位置进行停放。

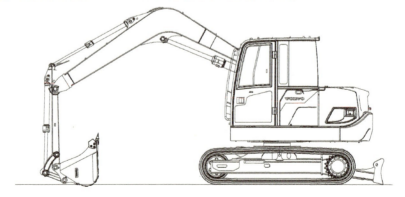

图 3-1-17　维修位置

(2)打开发动机舱盖,如图3-1-18所示。
(3)确保皮带正确对准在皮带轮上。
(4)检查有无磨损的区域和丢失的皮带零件。如果损坏,应更换为新皮带。

五、发动机机油液位的检查

转动的部件可能会造成严重的割伤或压轧伤,预防严重人身伤害的危险。发动机运行时,切勿打开发动机舱盖。

每10h(作业小时)要检查机油液位(图3-1-19)。

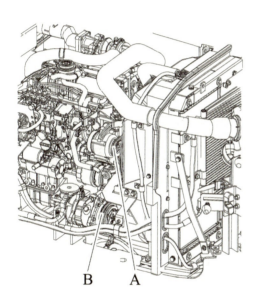

图3-1-18 打开发动机舱盖
A-风扇皮带;B-空调压缩机皮带

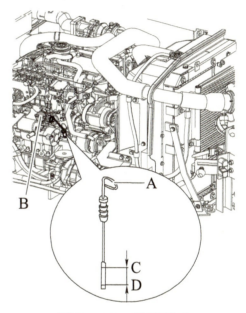

图3-1-19 机油检查
A-油尺;B-加注节门;C-机油液位-高;D-机油液位-低

注意:
当机器冷却下来时,检查机油油位。(在关闭发动机后至少30min)
(1)把机器停放在平坦、坚实和水平地面。
(2)打开发动机舱盖。
(3)拉出油尺(A)并用干净的布擦拭。
(4)把油尺再次插入,然后拉出。
(5)如果机油液位处于(C)和(D)之间,则为正常。如果机油液位低于(D),从加注节门(B)加注机油到正常液位。关于推荐的发动机机油,请参阅建议使用润滑剂页。

六、履带单元履带板螺栓的检查

每日检查履带板螺栓(图 3-1-20)。

如果履带板螺栓(A)松动,履带板很可能会损坏。

(1)将上部结构回转到正面,通过大臂向下操作和推土铲操作升起履带。

(2)向前和向后缓慢转动履带几次。检查是否有丢失、松动或损坏的履带板螺栓和履带板。如果需要,拧紧螺栓至规定的力矩,规定力矩为 $(270 \pm 20)\mathrm{N \cdot m}$。

很重要的是,松动的履带板螺栓与螺母要完全拆除并清洁螺纹。清洁履带板,然后再安装履带板并拧紧螺栓。

(3)拧紧后,检查螺母和履带板是否完全接触连接件的啮合面。

按照图 3-1-21 中的顺序拧紧螺钉。

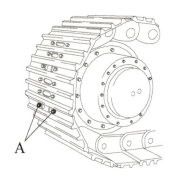

图 3-1-20 履带板螺栓
A-履带板螺栓

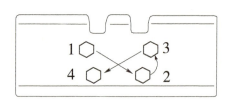

图 3-1-21 拧紧螺栓的顺序

七、清洗器储液罐

每天检查清洗器储液罐液位,如图 3-1-22 所示。

注意:

如果温度在 0℃ 以下,应在清洗液中加入防冻液。遵照制造商关于环境温度的建议。

八、挖掘机单元的润滑

每 50h 润滑一次润滑点 1~7,每 10h 润滑一次润滑点 8~15,如图 3-1-23 所示。

注意在严苛的操作条件下,在污泥、水和磨碎材料可能进入齿轮轴承时,或在使用液压剪后,每

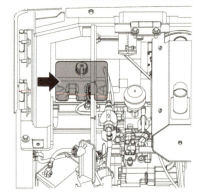

图 3-1-22 清洗器储液罐

10h或每天应该润滑一次所有润滑点。

用手涂润滑脂时,把附属装置降低到地面,让发动机熄火。

用手或电动注油枪在润滑脂接嘴加注润滑脂。加注润滑脂后,擦去多余的油脂。

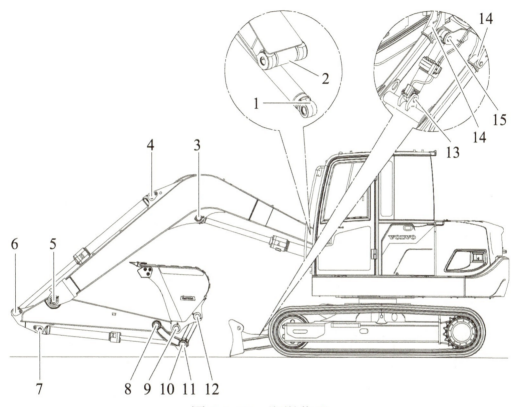

图3-1-23 润滑位置

1-大臂油缸安装销(1点);2-大臂安装销(1点);3-大臂油缸连杆终端销(1点);4-小臂油缸安装销(1点);5-大臂和小臂之间的销(1点);6-小臂油缸杆端销(1点);7-铲斗油缸安装销(1点);8-小臂和连杆之间的销(1点);9-小臂和铲斗之间的销(1点);10-铲斗油缸连杆终端销(1点);11-油缸连杆和连杆之间的销(2点);12-铲斗和连接连杆之间的销(1点);13-推土板(选装设备)平铲油缸安装销(1点);14-推土板(选装设备)平铲安装销(2点);15-推土板(选装设备)平铲油缸连杆终端销(1点)

活动展示

教师组织班级学生根据维修手册的内容,规范查找机器的各项检查和操作内容,师生共同制定评分标准,各组选派代表参加,参赛选手在规定时间内呈现本组活动成果,其他全体同学现场观摩,根据选手表现投票,获得点赞数量最多的小组获胜。

活动评价

活动评价见表3-1-2。

活 动 评 价 表　　　　　表3-1-2

评分项	是否达到目标（30%）	活动表现（40%）	职业素养（30%）
评价标准	(1)完全达到； (2)基本达到； (3)未能达到	(1)积极参与； (2)主动性一般； (3)未积极参与	(1)大有提高； (2)略有提高； (3)没有提高
自我评价(20%)			
组内评价(20%)			
组间评价(30%)			
教师评价(30%)			
总分(100%)			
自我总结			

活动三:"我的设备"我来操作

挖掘机本身的设计是很"人性"的,动臂、斗杆和铲斗相互配合就如同一个人的一只手,一个操作技能相当熟练的机手操作起来,就能熟练到一个正常人去端茶倒水一般,如:"挖掘机开啤酒瓶盖,抬自行车和切萝卜"的杂技秀就赢得了满堂彩。如此"人性"化的机械设备,必然在各个领域的工程项目中都占有重要地位。

针对市场上应用广泛的工程机械,我来当沃尔沃EC75D挖掘机的操作手,通过驾驶演示给大家。

项目三　工程机械运用与维修专业知识

> **活动场景**

在操作场地上,完成沃尔沃 EC75D 挖掘机的规范操作和使用。

> **活动目标**

(1)能规范完成沃尔沃 EC75D 挖掘机操作前的各项检查。
(2)能安全并熟练完成沃尔沃 EC75D 挖掘机的各项操作任务。

> **活动计划**

1. 分工
2 名材料收集人员:＿＿＿＿＿＿　　1 名拍照人员:＿＿＿＿＿＿＿＿
2 名撰稿人员:＿＿＿＿＿＿＿＿　　1 名编辑人员:＿＿＿＿＿＿＿＿
1 名操作人员:＿＿＿＿＿＿＿＿　　1 名后勤人员:＿＿＿＿＿＿＿＿
2. 设备准备
_____
_____
3. 小组计划
_____
_____
_____
_____

> **活动资源**

一、操作前的准备

作为操作机手,在开始操作设备之前,要阅读《操作员手册》,完成以下内容检查:

(1)检查蓄电池断开开关是否通电,并断开蓄电池电源开关进行其他项目的检查。
①检查并清洁发动机、蓄电池和冷却器周围的灰尘。
②检查液压油液位,如果需要,进行加注。

③检查油箱内是否有足够燃油。

④检查管路和部件是否有故障、有松脱部件或是否存在渗漏,这些都可能引起设备损害,甚至导致人员受伤。

⑤检查车架和履带是否有裂缝。

⑥检查发动机舱盖和盖子是否关闭。

⑦如果装有灭火器,确保正常工作。

⑧检查踏板和把手是否损坏或部件是否松动。必要时,进行必需的维修。

(2)接通蓄电池电源开关进行其他项目的检查。

①检查在机器附近是否有闲人。

②调整操作员座椅并固定好座椅安全带。

③调整并清洁后视镜。

④检查作业灯和其他灯是否操作正常。

⑤起动车辆前应进行鸣笛,操作机器前应进行双鸣笛。

⑥检查仪表板是否存在故障。

二、挖掘机的操作

(1)驾驶室内开关和手柄。EC750驾驶室操作结构如图3-1-24所示,驾驶室操作手柄按钮如图3-1-25所示。

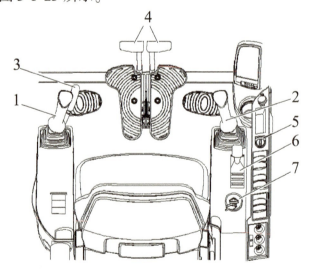

图3-1-24　EC75D驾驶室操作结构

1-左控制杆;2-右控制杆;3-控制锁禁杆;4-行走操纵杆和踏板;5-发动机转速控制开关;6-推土铲控制杆(选装);7-点火开关

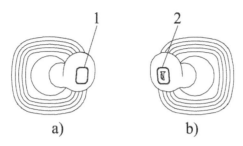

图 3-1-25　EC75D 驾驶室操作手柄按钮

a)左操作手柄;b)右操作手柄

1-液压锤按钮(选装);2-喇叭按钮

（2）操作手柄功能。左操作手柄(图 3-1-26)用于旋转上部构造和移动小臂。右操作手柄用于移动大臂和铲斗。

左操作手柄动作示意图如图 3-1-27 所示。左操作手柄动作说明见表 3-1-3。

 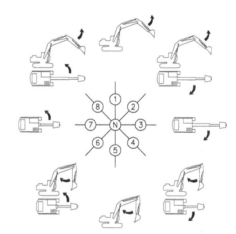

图 3-1-26　左操作手柄　　　图 3-1-27　左操作手柄动作示意图

1-小臂伸出;2-小臂收进;

3-左回转;4-右回转

左操作手柄动作说明　　　　　　表 3-1-3

	N 空挡(上部构造和小臂都在空挡位置)
1	小臂伸出	5	小臂收进
2	小臂伸出且上部构造向右转	6	小臂收进且上部构造左转
3	右回转上部构造	7	左回转上部构造
4	小臂收进且上部构造右转	8	小臂伸出且上部构造左转

右操作手柄(图 3-1-28)动作示意图如图 3-1-29 所示。右操作手柄动作说明见表 3-1-4。

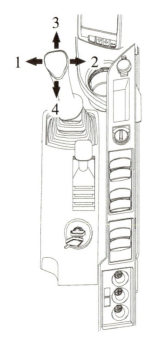

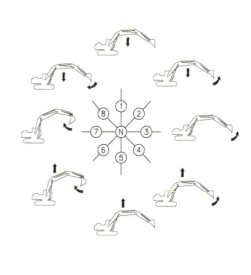

图 3-1-28　右操作手柄
1-铲斗收进;2-铲斗伸出;3-大臂下降;4-大臂上升

图 3-1-29　右操作手柄动作示意图

右操作手柄动作说明　　　　表 3-1-4

N 空挡(大臂和铲斗位于空挡位置)			
1	降低大臂	5	提升大臂
2	降低大臂且铲斗伸出	6	提升大臂且铲斗收进
3	铲斗伸出	7	铲斗收进
4	提升大臂且铲斗伸出	8	降低大臂且铲斗收进

活动展示

教师组织班级学生根据维修手册的内容,规范查找操作机器的各项前期检查和准备工作,师生共同制定评分标准,各组选派代表参加,参赛选手在规定时间内呈现本组活动成果,其他全体同学现场观摩,根据选手表现投票,获得点赞数量最多的小组获胜。

活动评价

活动评价见表3-1-5。

活动评价表 表3-1-5

评分项	是否达到目标（30%）	活动表现（40%）	职业素养（30%）
评价标准	(1)完全达到； (2)基本达到； (3)未能达到	(1)积极参与； (2)主动性一般； (3)未积极参与	(1)大有提高； (2)略有提高； (3)没有提高
自我评价(20%)			
组内评价(20%)			
组间评价(30%)			
教师评价(30%)			
总分(100%)			
自我总结			

任务二　装载机的结构认识与维护概述

(1)准确熟练介绍沃尔沃装载机的配置和结构。
(2)规范完成沃尔沃装载机基本的维护内容。
(3)熟悉沃尔沃装载机的操作并规范完成简单工作任务。

任务内容

活动一："我的设备"我来介绍

活动二:"我的设备"我来维护

活动三:"我的设备"我来操作

活动一:"我的设备"我来介绍

装载机是一种广泛用于公路、铁路、建筑、港口、矿山等建设工程的土石方施工机械,它主要用于铲装土壤、砂石等散状物料,也可对矿石、硬土等进行轻度铲挖作业。换装不同的辅助工作装置还可进行推土、起重和其他物料如木材的装卸作业。在道路、特别是在高等级公路施工中,装载机用于路基工程的填挖、沥青混合料和水泥混凝土料场的集料与装料等作业。此外还可进行推运土壤、刮平地面和牵引其他机械等作业。由于装载机具有作业速度快、效率高、机动性好、操作轻便等优点,因此它成为工程建设中土石方施工的主要机种之一。

1929 年,第一台装载机是用拖拉机底盘改装的。1947 年,美国克拉克公司通过用液压连杆机构,取代了门架式结构,采用专用底盘,制造出了新一代的轮式装载机,提高了提升速度、卸载高度、掘起力和切入力,可用于铲装松散的土方和石方,这是装载机发展过程中第一次重大突破。

1951 年美国开始采用液力机械传动技术,同时车架结构采用三点支承,发动机后置,提高了车辆的越野性和牵引性。20 世纪 50 年代中期,形成了柴油机—液力变矩器—动力换挡变速器—双桥驱动的传动结构,这是装载机的第二次重大突破,提高了整机的传动效率、牵引性和使用效率及寿命。

20 世纪 60 年代,装载机制造开始弃用刚性车架,转而采用铰接式车架技术,铲斗随前车架转向,这是装载机发展过程中的第三次重大突破。车架中间铰接,分为前后两部分,前车架铰接转向,可满足原地转向;与刚性车架比,一个作业循环内平均行驶路程少 50% 以上,生产效率提高 50%;转弯半径小,机动灵活,适用于狭窄场地作业,与现在的装载机结构相同。

针对市场上应用广泛的工程机械,我将以沃尔沃 L350H 装载机为例,把这款设备通过班级内部播报系统"我的设备我来介绍"讲给大家。

活动场景

通过班级内部播报的形式将沃尔沃 L350H 装载机介绍给工程机械专业的同学。

项目三　工程机械运用与维修专业知识

活动目标

（1）能用普通话流利地介绍沃尔沃 L350H 装载机的性能和结构。

（2）能合理地安排组内分工，在规定时间内合作完成资料的收集、整理、撰稿。

活动计划

1. 分工

2 名材料收集人员：_____　　1 名拍照人员：_____

2 名撰稿人员：_____　　　　1 名编辑人员：_____

1 名播报人员：_____　　　　1 名后勤人员：_____

2. 设备准备

_____

_____

3. 小组计划

_____

_____

_____

活动资源

装载机是一种广泛用于建设工程的土石方施工机械，它主要用于铲装土壤、砂石等散状物料，也可对矿石、硬土等进行轻度铲挖作业。换装不同的辅助工作装置还可进行推土、起重和物料的装卸作业，路基工程的填挖、沥青混合料和水泥混凝土料场的集料与装料等作业。此外还可进行推运土壤、刮平地面和牵引其他机械等作业。

一、装载机的分类

（1）按照行走方式的不同分类，分为轮胎式装载机和履带式装载机，轮胎式装载机以轮胎式专用底盘作为行走机构，并配置工作装置及其操纵系统而构成的装载机，如图 3-2-1 所示。具有以下优点：机动灵活、作业效率高；制造成本低、使用维护方便；轮胎还具有较好的缓冲、减振等功能，提高操作的舒适性。

履带式装载机以履带式专用底盘或工业拖拉机作为行走机构，并配置工作装置及其操纵系统而构成的装载机，如图3-2-2所示。具有以下优点：牵引力大，越野性能及稳定性好，爬坡能力大，转弯半径小，可以在场地条件恶劣的环境工作。

图3-2-1　轮胎式装载机　　　　图3-2-2　履带式装载机

（2）按发动机位置分类，分为发动机前置式和发动机后置式两种，发动机置于操作者前方的装载机称为发动机前置式装载机，发动机置于操作者后方的装载机称为发动机后置式装载机。

目前，国产大中型装载机普遍采用发动机后置的结构形式。这是由于发动机后置，不但可以扩大驾驶员的视野，而且后置的发动机还可以兼作配重使用，以减轻装载机的整体装备质量。

（3）按转向方式分类：

①偏转车轮转向式装载机（图3-2-3）：以轮式底盘的车轮作为转向的装载机。分为偏转前轮、偏转后轮和全轮转向三种。由于其为整体式车架，机动灵活性差，一般不采用这种转向方式。

②铰接转向式装载机（图3-2-4）：依靠轮式底盘的前轮、前车架及工作装置，绕与前后车架的铰接销作水平摆动进行转向的装载机。具有转弯半径小、机动灵活、可以在狭小场地作业等特点，目前最常用。

图3-2-3　偏转车轮转向式装载机

③滑移转向式装载机（图3-2-5）：靠轮式底盘两侧的行走轮或履带式底盘两侧的驱动轮速度差实现转向。具有整机体积小、机动灵活性、可以实现原地转向、可以在更为狭窄的场地作业等特点，是近年来微型装载机采用的转向方式。

图 3-2-4　铰接转向式装载机

图 3-2-5　滑移转向式装载机

(4) 按驱动方式分类：

① 前轮驱动式装载机：以行走结构的前轮作为驱动轮的装载机。

② 后轮驱动式装载机：以行走结构的后轮作为驱动轮的装载机。

③ 全轮驱动式装载机：行走结构的前、后轮都作为驱动轮的装载机。现代装载机多采用全轮驱动方式。

二、装载机的结构

根据下列产品标牌能够识别机器及其部件，如图 3-2-6 所示。

图 3-2-6 中序号 1~9 说明如下。

(1) 产品铭牌

制造商名称和地址、机器的产品编号和序列号。

机器质量、发动机功率、制造年份、交付年份和 CE 标志的位置(仅限欧盟/欧洲经济区国家)。

为中国市场供应的机器铭牌采用中文。铭牌上标注了生产场所和装配场所。

(2) 辅助排气系统标签

发动机的型号、名称和部件号(比可能隐藏的普通排气标贴更易接近)。

(3) 前桥

制造商名称和地址、前驱动桥的部件号。

(4) 主标记

机器 PIN(铭刻在左侧)。

(5) 发动机+排气系统标贴

发动机的型号、名称和部件编号。

(6) 驾驶室

制造商名称和地址、产品编号、机器型号名称、最大试验质量。驾驶室序列号、ROPS/FOPS 编号和 ROPS/FOPS 证书编号。(标牌位于驾驶室中的立柱内侧)

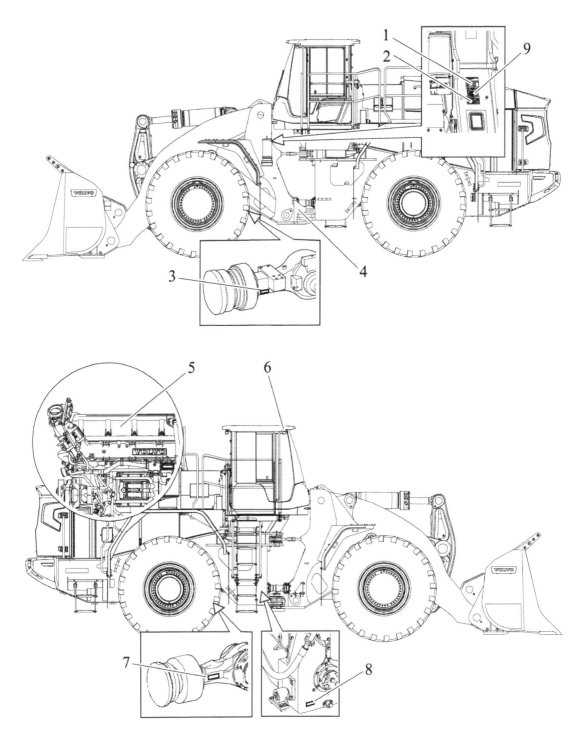

图 3-2-6 产品标牌位置

1-产品铭牌;2-辅助排气系统标签;3-前桥;4-主标记;5-发动机+排气系统标贴;
6-驾驶室;7-后桥;8-变速器;9-绿色标签(仅适用于中国)

(7)后桥

制造商名称和地址以及后驱动桥的部件号。

(8)变速器

制造商名称和地址以及变速器的部件号。

(9)绿色标签(仅适用于中国)

机器的生产日期、机器序列号、机器基本信息、与环保相关的主要部件均符合国家标准。

了解了装载机的标牌,那就让我们一起来填写沃尔沃L350H装载机的结构表格(表3-2-1)。

沃尔沃 L350H 装载机的结构　　　　表3-2-1

制造商	Volvo Construction Equipment SE－631 85 Eskilstuna Sweden
机器产品标识号(PIN)	
发动机	
变速器	
前桥	
后桥	
大臂	
驾驶室	

活动展示

教师组织班级内部播报大赛,师生共同制定评分标准,各组选派代表参加,参赛选手在规定时间内呈现本组活动成果,其他全体同学现场观摩,根据选手表现投票,获得点赞数量最多的小组获胜。

活动评价

活动评价见表3-2-2。

活 动 评 价 表　　　　　　表 3-2-2

评分项	是否达到目标（30%）	活动表现（40%）	职业素养（30%）
评价标准	(1)完全达到； (2)基本达到； (3)未能达到	(1)积极参与； (2)主动性一般； (3)未积极参与	(1)大有提高； (2)略有提高； (3)没有提高
自我评价(20%)			
组内评价(20%)			
组间评价(30%)			
教师评价(30%)			
总分(100%)			
自我总结			

活动二:"我的设备"我来维护

为使装载机保持正常运转,延长其使用寿命,必须对装载机各个部件进行系统、细致的检查、调整和清洗,以创造装载机正常运转所必须良好的工作条件,预防装载机早期磨损而产生的各种故障,充分发挥装载机工作性能。因此在装载机的使用前及过程中必须认真做好各项维护工作。

现在我以沃尔沃 L350H 装载机作为操作机器,通过每 50h 的维护内容试运行进行检查并展示给大家。

一、发动机机油液位的检查

发动机机油液位的检查如图 3-2-7 所示。

每50h或在显示屏上出现信息时检查一次液位,液位应介于机油尺上的标记之间。

二、轮胎气压的检查

轮胎气压的检查如图3-2-8所示。

给轮胎充气可能导致轮胎爆炸,轮胎爆炸可能导致致命伤害。所以要使用带足够长的软管的自锁式气动卡盘,以便能够给轮胎充气而不用站立在轮辋前面并尽可能远离。在充气期间,确保没有人站立在轮辋前面或经过轮辋。

三、轮胎磨损的检查

(1)轮胎上的胎面足够。
(2)胎面,确认帘布层不可见。
(3)轮胎侧面,确认帘布层上没有深的切口。

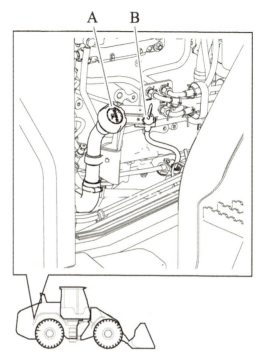

图3-2-7 发动机机油液位的检查
A-加注管;B-机油尺

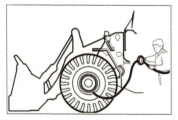

图3-2-8 轮胎气压的检查

四、机油滤清器的检查

(1)按照图3-2-9所示将装载机停放在维护位置。检查前装载机准备工作见表3-2-3。
(2)等待5min,让机油流入储油罐。
(3)松开储油罐及下部机油滤清器滤芯并拆下。
(4)检查机油的质量。如果机油中含有油泥以及较为黏稠,则应更换机油。联系具有资质的维修技师。
(5)检查机油滤清器滤芯下面。如果有油泥沉积物,则应更换机油。联系具有资质的维修技师。
(6)重新安装储油罐。

五、提升框架润滑

进行侵蚀性/腐蚀性条件下的日常润滑,润滑位置如图3-2-10所示。

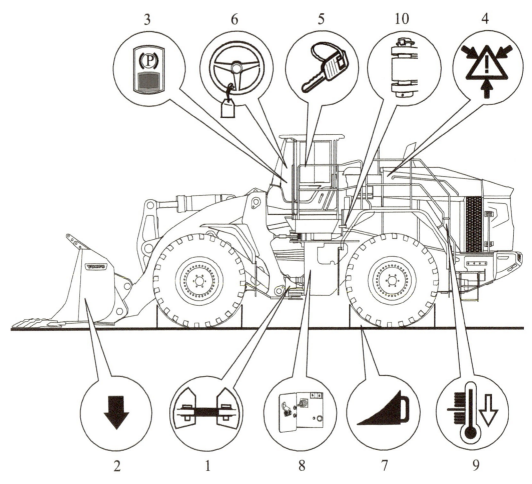

图 3-2-9 维护位置

检查前装载机准备工作 表3-2-3

动作序号	动作说明	动作序号	动作说明
1	连接车架接合锁	6	在转向盘上贴一张黄色—黑色警告标签
2	降低附具,将其置于地面上	7	阻挡车轮,例如使用楔块
3	施加驻车制动,然后关闭发动机	8	关闭蓄电池切断开关
4	高压喷射的风险	9	让机器冷却下来
5	拔下点火钥匙	10	折出并锁止挡泥板

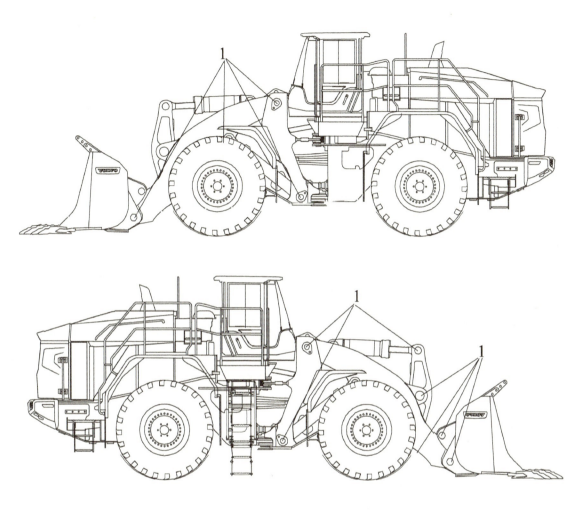

图 3-2-10 润滑位置
1-润滑点

> **活动展示**

教师组织班级学生根据维修手册的内容,规范查找机器的各项检查和操作内容,师生共同制定评分标准,各组选派代表参加,参赛选手在规定时间内呈现本组活动成果,其他全体同学现场观摩,根据选手表现投票,获得点赞数量最多的小组获胜。

> **活动评价**

活动评价见表 3-2-4。

活动评价表　　　　　　　表3-2-4

评分项	是否达到目标 （30%）	活动表现 （40%）	职业素养 （30%）
评价标准	(1)完全达到； (2)基本达到； (3)未能达到	(1)积极参与； (2)主动性一般； (3)未积极参与	(1)大有提高； (2)略有提高； (3)没有提高
自我评价(20%)			
组内评价(20%)			
组间评价(30%)			
教师评价(30%)			
总分(100%)			
自我总结			

活动三："我的设备"我来操作

装载机主要用于铲、装、卸、运土和石料一类散状物料，也可以对岩石、硬土进行轻度铲掘作业，它在各个领域的工程项目中也都占有重要地位。

针对市场上应用广泛的工程机械，我来当沃尔沃 L350H 装载机的操作手，通过驾驶演示给大家。

活动场景

在操作场地上，完成沃尔沃 L350H 装载机的规范操作和使用。

活动目标

(1)能规范完成沃尔沃 L350H 装载机操作前的各项检查。

(2)能安全并熟练完成沃尔沃 L350H 装载机的各项操作任务。

活动计划

1. 分工

2名材料收集人员：_____　　1名拍照人员：_____

2名撰稿人员：_____　　　　1名编辑人员：_____

1名操作人员：_____　　　　1名后勤人员：_____

2. 设备准备

_____

_____

3. 小组计划

_____

_____

_____

_____

活动资源

一、运行前和试运行的检查

1. 警告贴纸

根据使用手册，检查并确认所有警告标贴都在适当的位置、清晰易读且未损坏。

2. 外部检查

（1）检查并确认机器没有任何外部损坏或有故障/松动的零件。特别是轮胎、软管和管。

（2）检查并确认没有可见泄漏。

（3）清洁/刮擦车窗和后视镜。

（4）检查并确认工作灯和前照灯清洁且完好。

（5）检查并确认倒车摄像机（选装设备）清洁且完好。

（6）确认车架接合锁已分离。

（7）检查并确认发动机舱盖、车身底板防滑板和防护板均已关闭。

(8)检查所有反射镜。

(9)确认车轮阻挡块已撤除。

(10)检查并确认蓄电池切断开关已接通。

3. 灯光、仪表和控制装置

(1)调节转向盘和操作员座椅。

(2)将点火钥匙转到位置1(工作位置),检查并确认所有控制灯均打开且仪表指示读数。

(3)检查并确认燃油箱和储液罐正常。

(4)检查所有灯的功能。

(5)检查并确认座椅安全带能够扣紧且未损坏。

(6)检查并确认机器附近没有人。

(7)起动发动机。

(8)检查并确认所有控制灯与警告灯熄灭。施加驻车制动时,驻车制动警告灯将亮起。

(9)确认喇叭工作。

4. 制动系统(行车制动)

(1)让发动机怠速运转直到建立压力。

(2)检查并确认没有关于制动系统的警告显示。

(3)释放驻车制动操纵杆,将制动踏板踩到底。确认机器没有触发警报。

(4)小心地起步车辆,然后测试制动器。应平稳地施加制动,不应产生任何噪声。

5. 转向系统

(1)向左和右转动转向锁。

(2)检查并确认转向没有间隙和噪声。

6. 倒车警报/后视摄像头(选装设备)

(1)将选挡器移至倒挡。

(2)检查并确认倒车警报和后视摄像头(选装设备)正常工作。

(3)关闭发动机。

二、控制器的操作

控制器布局如图3-2-11所示。控制器各部件说明见表3-2-5。

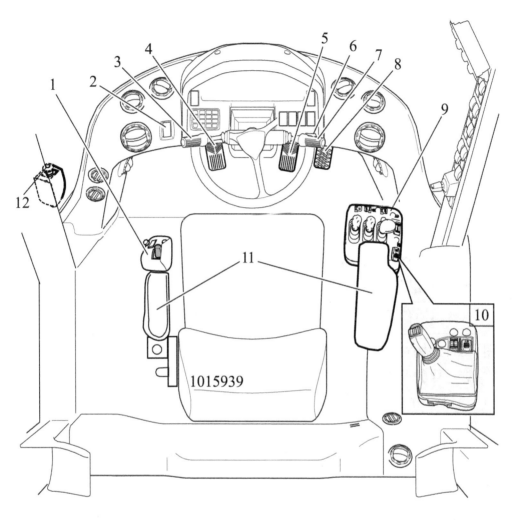

图 3-2-11 控制器布局

图 3-2-11 控制器各部件说明　　　　表 3-2-5

动作序号	动作说明	动作序号	动作说明
1	舒适驾驶控制,CDC	5	制动踏板
2	驻车制动器	6	转向盘调整装置
3	选挡器,喇叭	7	灯开关、方向指示器控制装置、风窗玻璃刮水器、风窗玻璃清洗器
4	制动踏板	8	加速踏板

续上表

动作序号	动作说明	动作序号	动作说明
9	电动伺服操纵杆底座：液压传动装置、强制降挡、发动机制动、控制杆锁止、前进/倒退、前进/倒退起动、喇叭	12	发动机紧急停止按钮
10	单杆控制器（选装设备）：液压传动装置、强制降挡、发动机制动、控制杆锁止、前进/倒退、前进/倒退起动、喇叭	13	驾驶室门打开按钮（外部驾驶室，图3-2-25）
11	臂垫调整		

图3-2-11中序号1~9及10A、10B详细说明如下。

1 舒适驾驶控制，CDC（图3-2-12）

（1）该设备由一个集成了三种操纵功能的可折叠臂垫组成：转向、前进/倒退与强制降挡。

（2）可通过降低扶手并按下起动按钮来起动这些功能（选挡器必须处于空挡）。

（3）当系统起动时，中间仪表板上的控制灯亮起。

2 驻车制动器

驻车制动器如图3-2-13所示。

图3-2-12 舒适驾驶控制　　图3-2-13 驻车制动器

当施加驻车制动时，该控制灯亮起。如果在选择某个方向挡位时施加驻车制动，则红色中央警告灯闪烁，蜂鸣器鸣叫，且显示屏上显示警告文字。

3 选挡器，喇叭

通过转动换挡手柄换挡，如图3-2-14所示。

（1）前进挡/倒挡（图3-2-15）：

①操纵杆处于位置F＝前进操作。

②操纵杆处于位置 N = 空挡。

③操纵杆处于位置 R = 倒退操作。

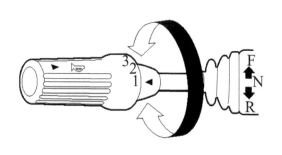

图 3-2-14　换挡手柄　　　　图 3-2-15　前进挡/倒挡

(2)喇叭如图 3-2-16 所示。

4　制动踏板

5　制动踏板

6　转向盘调整装置

转向盘调整装置如图 3-2-17 所示。

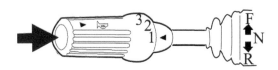 

图 3-2-16　喇叭　　　　图 3-2-17　转向盘调整装置

(1)操纵杆位于转向盘右下侧。

(2)操纵杆向上 = 调整高度。

(3)操纵杆向下 = 调整转向盘角度。

7　灯开关、方向指示器控制装置、风窗玻璃刮水器、风窗玻璃清洗器

(1)灯开关。灯开关如图 3-2-18 所示。

①远离转向盘 = 远光灯。

②中间位置 = 近光。

③靠近转向盘 = 远光灯闪烁。

(2)方向指示器控制装置。方向指示器控制装置如图 3-2-19 所示。

①操纵杆向前 = 左转向指示灯。

②操纵杆向后 = 右转向指示灯。

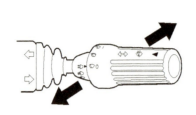 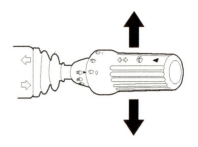

图 3-2-18　灯开关　　　图 3-2-19　方向指示器控制装置

(3) 风窗玻璃刮水器。风窗玻璃刮水器如图 3-2-20 所示。

①位置包括：静止、刮水器间歇操作。

②位置Ⅰ和Ⅱ=风窗玻璃刮水器(双速)。

(4) 风窗玻璃清洗器。风窗玻璃清洗器如图 3-2-21 所示。

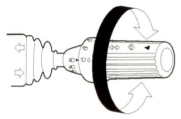

图 3-2-20　风窗玻璃刮水器　　　图 3-2-21　风窗玻璃清洗器

8　加速踏板

加速踏板示意图如图 3-2-22 所示。

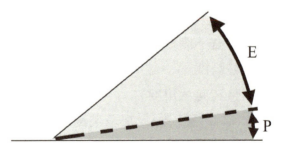

图 3-2-22　加速踏板示意图

(1) E = 经济操作范围。

(2) P = 功率范围。

9　电动伺服操纵杆底座

10　单杆控制器(选装设备)

单杆控制器示意图如图 3-2-23 所示,单杆控制器动作说明见表 3-2-6。

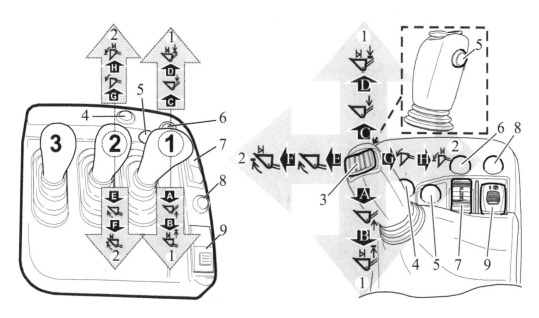

图 3-2-23　单杆控制器示意图

单杆控制器动作说明　　　　　　　　　　　表 3-2-6

动作序号	动 作 说 明	动作序号	动 作 说 明
1	提升/降低	A	提升
2	向后/向前倾翻	B	自动提升(大臂限位)
3	第三液压功能(选装设备)	C	下降
4	发动机制动/降挡	D	返回挖掘(自动提升臂下降)
5	强制降挡	E	向后倾翻
6	喇叭	F	自动向内倾斜(铲斗定位器)
7	方向挡 F－N－R	G	向外倾斜
8	起动按钮	H	自动向外倾斜(铲斗定位器)
9	操纵杆锁定		

11　臂垫调整

调整臂垫,获得最佳操作位置和舒适性。

12 发动机紧急停止按钮

发动机紧急停止按钮如图3-2-24所示。

13 驾驶室门打开按钮(外部驾驶室)

驾驶室门打开按钮如图3-2-25所示。

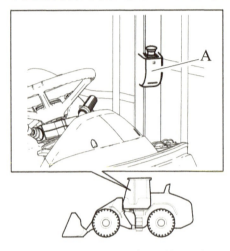
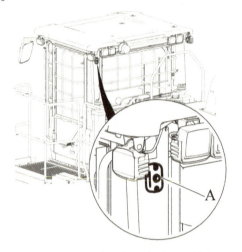

图3-2-24 发动机紧急停止按钮　　图3-2-25 驾驶室门打开按钮
A-按钮　　　　　　　　　　　　　A-按钮

活动展示

教师组织班级学生根据维修手册的内容,规范查找操作机器的各项前期检查和准备工作,师生共同制定评分标准,各组选派代表参加,参赛选手在规定时间内呈现本组活动成果,其他全体同学现场观摩,根据选手表现投票,获得点赞数量最多的小组获胜。

活动评价

活动评价见表3-2-7。

活动评价表　　　　表3-2-7

评分项	是否达到目标 (30%)	活动表现 (40%)	职业素养 (30%)
评价标准	(1)完全达到; (2)基本达到; (3)未能达到	(1)积极参与; (2)主动性一般; (3)未积极参与	(1)大有提高; (2)略有提高; (3)没有提高

项目三　工程机械运用与维修专业知识

续上表

评分项	是否达到目标 （30%）	活动表现 （40%）	职业素养 （30%）
自我评价(20%)			
组内评价(20%)			
组间评价(30%)			
教师评价(30%)			
总分(100%)			
自我总结			

项目四　工程机械运用与维修专业学习成长规划

任务一　学习榜样

(1)能熟练讲解冠军故事。
(2)能对冠军故事发表自己的感想。

活动:讲世界大赛冠军故事

活动:讲世界大赛冠军故事

活动场景

学生通过学习并讲解世界大赛车身修复冠军杨山巍和汽车喷漆冠军杨金龙的故事给身边的人听,使世赛冠军榜样的形象牢牢树立,促进学生学习的积极性。

学生以小组为单位录制一个小视频介绍两位世赛冠军的故事。

活动目标

(1)能用普通话流利地讲解相关内容。
(2)能将介绍过程(视频、照片)合成为一个3min左右视频。
(3)视频要求:
①"剧本"合理、完整。

②介绍时能用普通话,大方、得体。
③视频完整、清晰。

活动计划

1. 小组分工

1 名介绍人员:＿＿＿＿＿＿＿＿   1 名摄像人员:＿＿＿＿＿＿＿＿

1 名拍照人员:＿＿＿＿＿＿＿＿   2 名材料收集汇总人员:＿＿＿＿

1 名导演人员:＿＿＿＿＿＿＿＿   1 名编剧人员:＿＿＿＿＿＿＿＿

1 名后期制作人员:＿＿＿＿＿＿

每人完成后可进行角色互换。

2. 设备准备

_____
_____

3. 剧本准备

_____
_____
_____
_____
_____
_____
_____

任务资源

一、第 44 届世界技能大赛车身修理项目的首枚金牌获得者杨山巍

杨山巍及团队获得"2017 年上海市教书育人楷模提名奖""杨浦区教育系统第四届'感动校园'人物""上海市五一劳动奖章""工人先锋号"铜牌、"上海市青年五四奖章""上海市青年岗位能手"等奖状和奖章。荣获"2018 感动上海年度人物"。

阳光俊朗的外形,让人很难把杨山巍和"工匠"这个词联系起来。但就是这位"90 后"的"后浪",20 岁时就获得了第 44 届世界技能大赛车身修理项目的首

枚金牌。进入上汽集团乘用车公司后,他在公司支持下成立了首席技师工作室,成为上汽集团最年轻的一名工作室负责人。

1. 为站上世界领奖台全力以赴

2012年,杨山巍报考了上海市杨浦职业技术学校,就读车身修复专业。在校期间,他参加了全国职业技能大赛,并在车身修复项目比赛中获得一等奖,还参加过第43届世界技能大赛车身修理项目的国内选拔比赛。

从学校毕业后,杨山巍在奔驰4S店开始了他人生的第一份工作,那年,他正好18岁。因为在校时参加过大赛,且成绩优异,所以杨山巍在毕业前就获得了高级工证书。但对过往的成绩,杨山巍从来没有主动提过,而是踏踏实实跟着师傅学习,为后来比赛中的应变能力打下坚实的基础。

2016年6月,第44届世界技能大赛的各项工作启动了。人社部出台了"上届备选选手可以直接入选国家集训队参加晋级赛"的政策。世界技能大赛车身修理项目中国专家组组长打电话给杨山巍,告知他了这个消息。

此时,如果要参加比赛,杨山巍就必须辞掉工作,因为从集训到后面的淘汰赛,要花一年多的时间。一番审视后,他决定:辞去工作参加集训,因为"年轻就应该再拼一次,不给自己留下遗憾!"

随后,他进入第44届世界技能大赛国家集训队,除了用餐、睡觉,其他时间都在实训室里进行艰苦训练。"经常训练到晚上八九点时就很累了,很想休息,但我想,比人家多练一条、多焊一条,可能比赛时就会比别人多个零点几分",杨山巍说。

他认真对待每一天的训练,把每次出现的问题都记录下来进行总结,第二次再做时,会特别注意并解决这些问题,一些重点难点,则进行针对性训练。终于,在最后晋级赛的考核中,以总成绩领先8分的优势,代表中国出征阿布扎比。

2017年10月,第44届世界技能大赛开幕,杨山巍参加车身修理项目比赛。这届比赛中,有两个钣件对焊缝宽度要求在2~3mm这个区间内,分值2分,杨山巍最终拿到了1分。看似得分值并不高,但在所有22位参赛选手中,只有他一个人做到了。

在焊接质量检查中,基本功扎实的他同样做得非常完美。截止常规比赛时间结束,只有3名选手完成了全部比赛内容,杨山巍凭借极其精细化的操作,最终以领先第二名3分的绝对优势摘取桂冠,站在了世界的领奖台上,获得该项目中国参赛以来的首枚金牌。

2. 精益求精把工作做到极致

大赛获奖后,很多企业和学校向杨山巍抛出了橄榄枝。有学校请他去当老师，还有地方政府用 200 万元奖励来引进他这个人才。但杨山巍觉得，自己还年轻，还需要更多磨砺，于是，他选择了到上汽工作。

2017 年 11 月，他入职上汽集团乘用车公司，在制造工程部成为一名样板技师，在样板科与团队协作，共同参与临港新车型投产的尺寸论证工作。

刚参与这份工作的他，一切从零学起，遇到不懂的地方，就向师傅虚心请教。经过学习，很快他就参与到尺寸调试项目中，并分析解决尺寸所影响的造车问题。

有一次公司生产一个新车型，样车造出来后，却发现车顶行李架后方有一个非常明显的凹坑，而且批量都出现了这一问题。之后，杨山巍和同事们开始排查分析。各方排查后，最终推测，可能是因为车顶天窗后面一块钣金面积较大，缺少支撑。之后，杨山巍利用自己的技能，在螺栓孔的位置手工敲制了一个阴阳台，以对这块钣金起到加强作用。装上这一装置后，凹坑果然不见了。杨山巍又接连验证敲制了 3 台车，凹坑都没有再出现。自此，他们进行反向推导，对制造模具进行改造，从根本上解决了这一问题。

2018 年 9 月，为了提升临港工厂的钣金技能队伍，在公司领导的支持下，他成立了杨山巍技师工作室，开展钣金方面的培训、现场疑难攻坚、优化创新等工作。杨山巍成为公司里最年轻的一名技师工作室负责人，向更多人传授自己精通的汽车钣金技术。

现在，他的工作室有核心成员 7 名、专家顾问 2 名，开设了 17 门培训课程，通过对疑难攻坚，每年为工厂节省约 100 万元。另外，进行工具优化创新 3 项，并利用网上分享平台定期在线上分享相关技术知识。2019 年 9 月，杨山巍技师工作室被评为上海首席技师工作室。

工作之余，他还参与了第 45 届世界技能大赛车身修理项目中国选手的培训工作，技能指导加实战经验传授，使中国选手再次不辱使命，将五星红旗飘扬在世界赛场上。

说起工匠精神，杨山巍说："工作中每解决一个问题带来的成就感，会让人们对自己的工作充满信心，进而热爱自己的工作。正是有了这份热爱，才会不断精益求精，把工作做到极致。"

二、世界技能大赛汽车喷漆项目金牌获得者杨金龙

0.01 毫米，相当于一根头发直径的 1/6 左右，是世界技能大赛汽车喷漆项目对油漆厚度所允许的最大误差。杭州技师学院的杨金龙凭借高超的技术挑战不可能，获得这个项目的冠军，为中国实现了这个赛事零金牌的突破。可贵的工匠

精神,锻造出这位年轻的世界技能大赛冠军。

1. 绝技:苦水、汗水中浸泡

22岁的杨金龙是杭州技师学院教师中最年轻的教师,走在校园里,一身休闲装的他看上去与学生差不多。

"喷漆看着简单,其实很复杂,包括对车身打磨抛光、调漆、喷漆和烤漆等很多步骤",杨金龙说。

喷漆好坏的一个重要指标是油漆是否均匀。按照世界技能大赛的要求,油漆上下的厚度误差不超过 0.01mm,相当于一根头发直径的 1/6 左右,而油漆一般要喷五六层以上。如此苛刻的要求带来的技术难度可想而知。

杨金龙说,"喷漆要均匀,手一定要稳。喷枪加上油漆有六七斤重,手要做到一动不动才行;有时候连续喷漆几小时,对臂力和体力都是极大考验。"

"有时候胳膊痛到睡不着觉,几天抬不起来,只能用冰袋冷敷来缓解。"杨金龙说,为了增强自己的肌肉力量,他每天举哑铃锻炼。

杨金龙说,"喷漆没一会,防护服就湿透了。一天换七八套很正常。烤房是封闭的,喷漆时不能有对流,不能有任何灰尘,所以不管夏天多热都不能开空调,在最热的时候室温 40℃ 也得忍着,有时还会中暑。"

2. 金牌:倔强 + 工匠铸就

杨金龙的老家在云南省保山市的一户农民家庭,他上学时,家里的年收入仅3000余元。2009年,杨金龙初中毕业,受家庭条件影响,15岁的他选择了不需要学费的技校继续求学。

"我上学前都没有摸过汽车,但一碰到各种颜色的油漆我就着魔了。"杨金龙笑着说。

上学期间,他对喷漆技术到了痴迷的程度,常常为了攻克一个问题而在实训车间待到凌晨。在老师眼里,杨金龙则喜欢刨根究底。

杨金龙表示,他有点倔,做一个事情就要做到最好。"以前的手工艺人都是工匠,追求精益求精,我们这代人要把这种精神找回来。"

非同寻常的吃苦钻研,在校期间,杨金龙就获得了浙江省职业院校汽车运用与维修汽车涂装一等奖,全国职业院校汽车运用与维修汽车涂装二等奖等成绩。2012年,杨金龙毕业后被一家奥迪4S店挑中,凭借出色技术,工资一路上涨。

但是,杨金龙更痴迷于技术的进步。2014年,当母校邀请他回学校参加世界技能大赛国内选拔赛时,他辞去工作返回学校训练。长达一年半的高强度集训极为枯燥艰辛,也正是在这个过程中,他体会到工匠精神的内涵。

2015年他以该项目国内第一的身份参加在巴西举行的第43届世界技能大赛,并获得金牌,为我国实现了该赛事零金牌的突破。颁奖仪式上,杨金龙身披国旗,非常激动。

3. 成功：引领技术行业

回国后,杨金龙获得了诸多奖励,被授予浙江省五一劳动奖章。除了给学生上课外,他还要经常被邀参加各种经验交流活动。

"这足以说明,在国家如此重视技能人才的当下,年轻人靠技能立业的大好时代已经到来。"杨金龙表示,能获这么多的殊荣出乎意料。他认为,社会尊重技能人才是技能人才蓬勃复兴的基础。

据了解,杨金龙的获奖,带动了家乡很多年轻人学技术。

杨金龙介绍,世界技能大赛中,有两件事情让他体会深刻：一位瑞典小伙子,其三代人都是汽车喷漆职业,他对自己的工作很自豪；喷漆比赛项目的20名选手中,有5名是女性,与他一起获奖的另两名选手也都是女性。

如今,杨金龙是浙江省第一个、也是唯一的特级技师,被破格提拔为杭州技师学院教师,享受教授级高级工程师待遇。

活动展示：

教师审核视频,学生以小组为单位在自媒体上展示,获取点赞量。

活动评价

活动评价见表4-1-1。

活动评价表　　　　　　　　　　　表4-1-1

评分项	是否达到目标（30%）	活动表现（40%）	职业素养（30%）
评价标准	(1)完全达到； (2)基本达到； (3)未能达到	(1)积极参与； (2)主动性一般； (3)未积极参与	(1)大有提高； (2)略有提高； (3)没有提高
自我评价(20%)			
组内评价(20%)			

续上表

评分项	是否达到目标（30%）	活动表现（40%）	职业素养（30%）
组间评价(30%)			
教师评价(30%)			
总分(100%)			
自我总结			

任务二　认识学习成长规划

任务目标

（1）能够在网络、书刊上查找学习成长规划范文。
（2）根据范文，能够说出学习成长规划所包含的主要内容。

任务内容

活动：七嘴八舌一起说

活动：七嘴八舌一起说

学习成长规划是我们对未来学校学习生涯的一个整体规划。通过了解学长们的学习成长规划，我们可以借鉴学哥学姐们的经验，更好地了解认识学习成长规划。

在本次活动中，我会将我认为最好的学习成长规划分享给我的小伙伴们并认真聆听他们的分享，我们将一起认识学哥学姐们的优秀的学习成长规划。

本学期就要接近尾声了，相信各位小伙伴们都对自己的未来充满想象；对成为高年级的学哥学姐那样优秀而自信的校园风云人物而充满了期待。那么，就

项目四　工程机械运用与维修专业学习成长规划

请各个小组的小伙伴们各显神通，收集你喜欢的学哥学姐的成长规划并分享给大家吧。

活动目标

（1）熟练使用现有工具检索信息（网络信息、图书馆馆藏信息等）。
（2）快速准确地提取文章关键词。
（3）将检索到的信息介绍给小伙伴。

活动计划

1. 分工

3 名信息收集员：_____　　2 信息记录员：_____

2 名信息处理员：_____　　1 信息分享员：_____

2. 设备准备

_____

_____

3. 信息记录

_____

_____

4. 信息处理

_____

_____

_____

活动评价

活动评价见表 4-2-1。

活动评价表　　　　表 4-2-1

评分项	是否达到目标 （30%）	活动表现 （40%）	职业素养 （30%）
评价标准	（1）完全达到； （2）基本达到； （3）未能达到	（1）积极参与； （2）主动性一般； （3）未积极参与	（1）大有提高； （2）略有提高； （3）没有提高

续上表

评分项	是否达到目标（30%）	活动表现（40%）	职业素养（30%）
自我评价(20%)			
组内评价(20%)			
组间评价(30%)			
教师评价(30%)			
总分(100%)			
自我总结			

活动资源

一、学校图书馆（图4-2-1）

二、网络资源（图4-2-2）

图4-2-1　学校图书馆

图4-2-2　网络教室

三、优秀范文——大学生个人成长规划范文

人们都说:"大学是半个社会。"就是这种大学与高中的落差,对刚刚走出象牙塔的我们而言,无疑是一道极难跨越的鸿沟,在最初的新奇与喜悦暗淡之后,迎面而来的便是无尽的困惑与迷惘。而此时对自己做一个认真而深入的剖析,为自己量身打造一份成长计划是尤为重要的。

大学生成长计划,换一个角度来理解,就是对我们心中的那片理想天地做一个具体执行的描绘。我们给自己的学习生活做一个较系统而细致的安排,对自己的职业生涯进行规划,为自己的梦插上翅膀。美好的愿望是根植在坚实的土地上的,从现在开始,坚实脚下的土地,力争主动,规划我们的未来,为人生的绚烂多姿添彩。

(一)认知自我

古希腊德尔菲神庙里"认识你自己"的箴言,不仅仅是要唤醒人们的人文关怀,同时也指出了认识自我的意义和困难。规划未来,必须了解自我。

1. 自我评价

我个人觉得我是一个性格开朗、有责任感的人。我有极强的创造欲,乐于创造新颖、与众不同的结果,渴望表现自己,实现自身的价值,追求完美,具有一定的艺术才能和个性,乐观自信,好交际,能言善辩,谦逊,善解人意,乐于助人,细致,做事有耐心。

2. 我的优势

我小时候生活较艰辛,以致我对生活有更深入的认识,我并不认为生活中人们遇到挫折,是什么命运的不公,相反,他对人有一种督促作用,让人越挫越勇,人生经历一些挫折,是对人的一种磨砺,让人变得更坚强,对生活中的事情变得更有勇气。父母从小对我严厉的教育,使我时刻保持严于律己的生活态度。

3. 我的劣势

过于追求完美导致我做事过于理想化,脱离实际,家庭经济基础薄弱,人脉较少。

(二)社会分析

改革开放以来,我国经济飞速发展,环渤海地区可望异军突起。黄骅港的建

设,以其强大的吞吐吸纳作用,将带动整个环渤海地区的经济滚动前进。

由此观之,我所学习的专业正是港口水利工程,鉴于黄骅港的发展前景及人员需求,就业前景相当可观。

(三)学习生活计划

1. 大学一年级

端正学习态度,严格要求自己,了解大学年活,了解专业知识,了解专业前景,了解大学期间应该掌握的技能以及以后就业所需要的证书。认真学习基础课程尤其是英语和高数,作为一个工科生高数是一切学习的基础,同时为考研做准备。下半学期通过大学英语四级考试和大学计算机一级考试。积极参与外联部工作,培养工作能力。

2. 大学二年级

通过大学英语六级考试;通过计算机2级考试;熟悉掌握专业课知识,竞选外联部负责人,并在节假日时期进行初步的实习。

3. 大学三年级

提高求职技能,搜集公司信息。主要的内容有:撰写专业学术文章,提出自己的见解;参加和专业有关的暑期工作,和同学交流求职工作心得体会;学习写简历、求职信;同时细致复习大学课程为考研做准备。

4. 大学四年级

目标应锁定在工作申请及成功就业上,积极参加招聘活动,在实践中检验自己的积累和准备。积极利用学校提供的条件,强化求职技巧,进行模拟面试等训练,尽可能地做出充分准备。与此同时,做好第二条准备——考研。

(四)求职计划

随着经济高速发展的社会,人们的生活日益安逸,但随着工作压力的增加,生活压力的增大,生活方式的不合理化,人们的日常生活秩序被打乱,也就凸显出越来越多的心理方面的问题,这就更加要求我们更加努力地去学习心理学知识。

(1)学位证书、资格证书,是我们求职的敲门砖,是一个公司以及一个资助者支持你和招聘人才的首要条件,因此,我们要在大学生期间,拿到相关的证书。

(2)公司招聘人才看的不仅是文凭和证书,更多的是注重的个人的能力与素质,所以,我们在大学期间学习的同时,还在注重的是个人素质的提高和能力的培养。

(3)对于刚毕业的大学生来说,经验的缺乏是一个很突出的问题,要想在众多应聘者中脱颖而出,就要在变方面占优势才行,这对于自主创业也是很有帮助的,所以,我们还要在大学生活中积累更多的工作经验,这一方面可以通过兼职来实现,但在其过程中,要懂得总结经验。

(4)要在大四之前把简历制作好,留下更多的时间来找工作。

(5)要时刻关注招聘信息,积极参加招聘活动,在公司选择我们的同时也选择一个适合自己的公司。

(6)要时刻注意最新的发展动态,关注时事,了解社会信息,掌握自主创业的优势条件和劣势。更好地把握成功的条件。

(五)总结

任何目标,只说不做到头来都会是一场空。然而,现实是未知多变的,订出的目标计划随时都可能遭遇问题,要求有清醒的头脑。一个人,若要获得成功,必须拿出勇气,付出努力、拼搏、奋斗。成功,不相信眼泪;未来,要靠自己去打拼!实现目标的历程需要付出艰辛的汗水和不懈的追求,不要因为挫折而畏缩不前,不要因为失败而一蹶不振;要有屡败屡战的精神,要有越挫越勇的气魄;成功最终会属于你的,每天要对自己说:"我一定能成功,我一定按照目标的规划行动,坚持直到胜利的那一天。"既然选择了认准了是正确的,就要一直走下去。现在我要做的是,迈出艰难的一步,朝着这个规划的目标前进,要以满腔的热情去守候这份梦,放飞梦想,实现希望。

任务三　知道学习成长规划过程

任务目标

(1)能够在同组成员的帮助下总结出自己的优缺点。

(2)能够理顺在校期间的学习流程,并以图文的方式展示。

(3)对自己感兴趣的职业或未来可能从事的行业有初步的了解,并向小伙伴们介绍。

工程机械运用与维修专业概论

活动一:对号入座
活动二:挑战飞行棋

活动一:对号入座

自我认知指的是对自己的洞察和理解,包括自我观察和自我评价。自我观察是指对自己的感知、思维和意向等方面的觉察;自我评价是指对自己的想法、期望、行为及人格特征的判断与评估。

在自我认知的过程中,我们可能会遇到各种问题导致我们不能全面客观地认识自己,所以我们就需要在小伙伴们的帮助下完成自我认知。

活动规则

小组成员根据自己平时对其他成员的观察了解,以不记名的方式分别将组内每一名成员优点和缺点写在下面方框中,并在反面写下你所描述的同学的姓名。全部写完后正面向上贴到展板上。小组成员阅读展板上的内容,并找出与自己优缺点相关描述的贴纸,在贴纸下面写上自己的名字。

所有同学都完成后由组长宣布答案,各组员记录别人对自己的评价与自我认识的区别。

活动目标

(1)客观准确地评价他人。
(2)客观地认识自己。
(3)找出自我认识与他人评价之间的区别。

活动计划

1.分工
活动组织者:＿＿＿＿＿＿＿　　　　　监督员:＿＿＿＿＿＿＿
活动参与者:＿＿＿＿＿＿＿

2. 材料准备

优点：

缺点：

优点：

缺点：

优点：

缺点：

3. 活动总结

_____
_____
_____
_____
_____

活动二：挑战飞行棋

各位小伙伴们，经过了一学期的学习，大家应该基本上知道了我们在校期间的学习安排了吧！我想大家应该对我们在校的生活、将来的就业有了一个初步的打算，现在我们就一起分享一下吧。

活动场景

各小组根据本学期所学内容，将我们每个学期要学习的课程、要举行的活动、参加的考试、技能比赛等以时间为主线画成飞行棋棋盘，并根据自己的喜好设置陷阱，将课程目标或职业目标作为问题提问。

飞行棋棋盘画好后向全班展示、讲解玩法，然后邀请其他小组成员参见游戏。

活动目标

（1）能够说出在校期间各学年的课程设置以及各课程的目标，并制订出自己的学习目标。

（2）对自己的职业有初步的打算，并能说出实现打算的方法。

活动计划

分工

1 名策划人员：_____　　3 名信息收集人员：_____
3 信息整理人员：_____　　2 名棋盘绘制人员：_____
1 名棋盘讲解员：_____　　1 名颁奖人员：_____
1 名比赛裁判：_____

项目四 工程机械运用与维修专业学习成长规划

活动评价

活动评价见表4-3-1。

活 动 评 价 表　　　　　　　表4-3-1

评分项	是否达到目标 （30%）	活动表现 （40%）	职业素养 （30%）
评价标准	(1)完全达到； (2)基本达到； (3)未能达到	(1)积极参与； (2)主动性一般； (3)未积极参与	(1)大有提高； (2)略有提高； (3)没有提高
自我评价(20%)			
组内评价(20%)			
组间评价(30%)			
教师评价(30%)			
总分(100%)			
自我总结			

活动资源

一、飞行棋棋盘参考图（图4-3-1）

二、课程设置及目标

参考本书项目二。

三、职业目标达成方法——面试技巧和注意事项

1. 基本注意事项

①要谦虚谨慎。

面试和面谈的区别之一就是面试时对方往往是多数人，其中不乏专家、学者，求职者在回答一些比较有深度的问题时，切不可不懂装懂，不明的地方就要

117

虚心请教或坦白说不懂,这样才会给用人单位留下诚实的好印象。

②要机智应变。

当求职者一人面对众多考官时,心理压力很大,面试的成败大多取决于求职者是否能机智果断,随机应变,能当场把自己的各种聪明才智发挥出来。首先,要注意分析面试类型,如果是主导式,你就应该把目标集中投向主考官,认真礼貌地回答问题;如果是答辩式,你则应把目光投向提问者,切不可只关注甲方而冷待乙方;如果是集体式面试,分配给每个求职者的时间很短,事先准备的材料可能用不上,这时最好的方法是根据考官的提问在脑海里重新组合材料,言简意赅地作答,切忌长篇大论。其次要避免尴尬场面,在回答问题时常遇到这些情况未听清问题便回答,听清了问题自己一时不能作答,回答时出现错误或不知怎么答的问题时,可能使你处于尴尬的境地。避免尴尬的技巧是:对未听清的问题可以请求对方重复一遍或解释时回答不出可以请求考官提下一个问题,等考虑成熟后再回答前一个问题;遇到偶然出现的错误,也不必耿耿于怀而打乱后面问题。

图 4-3-1 飞行棋棋盘参考图

③要扬长避短。

每个人都有自己的特长和不足,无论是在性格上还是在专业都是这样。因此在面试时一定要注意扬我所长、避我所短。必要时,可以婉转地说明自己的长处和不足,用其他方法加以弥补。例如有些考官会问你这样的问题:"你曾经犯过什么错误吗?"你这时候就可以选择这样回答:以前我一直有一个粗心的毛病,有一次实习的时候,由于我的粗心把公司的一份材料弄丢了,害得老总狠狠地把我批评了一顿。后来我经常和公司里一个非常细心的女孩子合作,也从她那里学来了很多处理事情的好办法,一直到现在,我都没有因为粗心再犯什么错这样的回答,即可以说明你曾经犯过这样的错误,回答了招聘官提出的问题,也表明了那样的错误只是以前出现,现在已经改正了。

④显示潜能。

面试的时间通常很短,求职者不可能把自己的全部才华都展示出来,因此要抓住一切时机,巧妙地显示潜能。例如,应聘会计职位时可以将正在参加计算机专业的业余学习情况地讲出来,可使对方认为你不仅能熟练地掌握会计业务,而且具有发展会计业务的潜力;报考秘书工作时可以借主考官的提问,把自己的名字、地址、电话等简单资料写在准备好的纸上,顺手递上去,以显示自己写一手漂亮字体的能力等。显示潜能时要实事求是、简短、自然、巧妙,否则也会弄巧成拙。

2. 面试时如何消除紧张感

由于面试成功与否关系求职者的前途,所以大学生面试时往往容易产生紧张情绪,有的大学生可能还由于过度紧张导致面试失败,所以紧张感在面试中是常见的。紧张是应考者在考官面前精神过度集中的一种心理状态,初次参加面试的人都会有紧张感觉,慌慌张张、粗心大意、说东忘西、词不达意的情况是常见的。那么怎样才能在面试时克服、消除紧张呢?

①要保持"平常心"。

在竞争面前,人人都会紧张,这是一个普遍的规律,面试时你紧张,别人也会紧张,这是客观存在的,要接受这一客观事实。这时你不妨坦率地承认自己紧张,也许会求得理解。同时要进行自我暗示,提醒自己镇静下来,常用的方法是或大声讲话,把面对的考官当熟人对待;或掌握讲话的节奏,"慢慢道来";或握紧双拳、闭目片刻,先听后讲;或调侃两三句等等,都有助于消除紧张。

②不要把成败看得太重。

"胜败乃兵家常事"要这样提醒自己,如果这次不成,还有下一次机会;这个单位不聘用,还有下一个单位面试的机会等着自己;即使求职不成,也不是说你一无所获,你可以在分析这次面试过程中的失败,总结经验得出宝贵的面试经验,以新的姿态迎接下一次的面试。在面试时不要老想着面试结果,要把注意力放在谈话和回答问题上,这样就会大大消除你的紧张感。

③不要把考官看得过于神秘。

并非所有的考官都是经验丰富的专业人才,可能在陌生人面前也会紧张,认识到这一点就用不着对考官过于畏惧,精神也会自然放松下来。

④要准备充分。

实践证明,面试时准备得越充分,紧张程度就越小。考官提出的问题你都会,还紧张什么?"知识就是力量",知识也会增加胆量。面试前除了进行道德、知识、技能、心理准备外,还要了解和熟悉求职的常识、技巧、基本礼必要时同学之间可模拟考场,事先多次演练,互相指出不足,相互帮助、相互模仿,到面试时紧张程度就会减少。

⑤要增强自信心。

面试时,应聘者往往要接受多方的提问,迎接多方的目光,这是造成紧张的客观原因之一。这时你不妨将目光盯住主考官的脑门,用余光注视周围,既可增强自信心,又能消除紧张感;在面试过程中,考官们可能交头接耳,小声议论,这是很正常的,不要把它当成精神负担,而应作为提高面试能力的动力,你可以想象他们的议论是对你的关注,这样你就可以增加信心,提高面试的成功的率。面试中考官可能提示你回答问题时的不足甚至错误,这也没有必要紧张,因为每个人都难免出点差错,能及时纠正就纠正,是事实就坦率承认,不合事实还可婉言争辩,关键要看你对问题的理解程度和你敢于和主考官争辩真伪的自信的程度。

任务四　撰写学习成长规划书

任务目标

(1)能够撰写自己的学习成长规划。

(2)能够熟练介绍自己的学习成长规划。

项目四　工程机械运用与维修专业学习成长规划

活动：演讲比赛

活动：演讲比赛

一份好的学习成长规划，应当包含四个方面的内容：自我认知（知道自己的优势和劣势，给自己一个客观的评价）；制定学习生活计划（提前规划好未来几年的学校生活）；制定求职计划（毕业后自己心仪的工作是什么样的，自己适合什么样的工作岗位）；计划总结（为了达到目标，自己需要付出什么样的努力）。

活动场景

举行班级演讲比赛，演讲的内容为"学习成长规划"，要求参赛选手提前做好学习成长规划PPT（图文并茂），比赛分初赛和决赛，初赛班内各组自行组织，初赛结束后，各组推荐一名同学参加班级决赛。

活动目标

（1）能将自己撰写的"学习成长规划"配上图片做成PPT。

（2）能在规定时间内，配合PPT将自己的"学习成长规划"用普通话流利地表达出来。

活动计划

1. 分工

3～4名评委人员：_____　　1名主持人：_____

1名摄像人员：_____　　　　1名拍照人员：_____

2名比赛策划人员：_____　　1名颁奖人员：_____

1名宣传人员：_____

2. 设备准备

_____

3. 制定演讲比赛策划方案

_____

4. 制定演讲比赛评分标准

活动资源

演 讲 技 巧

演讲技巧一般认为有以下几点。

1. 做好演讲的准备

包括了解听众,熟悉主题和内容,搜集素材和资料,准备演讲稿,作适当的演练等。

2. 选择优秀的演讲者

优秀的演讲者包括下述条件:

(1)演讲者具有较强的语音能力和技巧。

(2)演讲者的热情。

(3)演讲者的理智与智慧。

(4)演讲者的仪表状态。

3. 运用演讲艺术

包括开场白的艺术,结尾的艺术,立论的艺术,举例的艺术,反驳的艺术,幽默的艺术,鼓动的艺术,语音的艺术,表情动作的艺术等,通过运用各种演讲艺术,使演讲具备两种力量:逻辑的力量和艺术的力量。

4. 演讲时的姿势如何

演讲时的姿势也会带给听众某种印象,例如堂堂正正的印象或者畏畏缩缩的印象。虽然个人的性格与平日的习惯对此影响颇巨,不过一般而言仍有方便演讲的姿势,即所谓"轻松的姿势"。要让身体放松,反过来说就是不要过度紧张。过度的紧张不但会表现出笨拙僵硬的姿势,而且对于舌头的动作也会造成不良的影响。

5. 演讲时的视线

在大众面前说话,不可以漠视听众的眼光,避开听众的视线来说话。尤其当你走到麦克风旁边站立在大众面前的那一瞬间,来自听众的视线有时甚至会让你觉得紧张。克服这股视线压力的秘诀,就是一面进行演讲,一面从听众当中找寻对于自己投以善意而温柔眼光的人。

6. 演讲时的脸部表情

演讲时的脸部表情无论好坏都会带给听众极其深刻的印象。紧张、疲劳、喜悦、焦虑等情绪无不清楚地表露在脸上,这是很难由本人的意志来加以控制的。演讲的内容即使再精彩,如果表情缺乏自信,老是畏畏缩缩,演讲就很容易变得欠缺说服力。

7. 声音和腔调

声音和腔调乃是与生俱来的,不可能一朝一夕之间有所改善。不过音质与措辞对于整个演说影响颇巨,这倒是事实。让自己的声音清楚地传达给听众。即使是音质不好的人,如果能够秉持自己的主张与信念的话,依旧可以吸引听众的热切关注。说话的速度也是演讲的要素。为了营造沉着的气氛,说话稍微慢点是很重要的。

活动评价

活动评价见表4-4-1。

活动评价表　　　　　　　　表4-4-1

评分项	是否达到目标 (30%)	活动表现 (40%)	职业素养 (30%)
评价标准	(1) 完全达到; (2) 基本达到; (3) 未能达到	(1) 积极参与; (2) 主动性一般; (3) 未积极参与	(1) 大有提高; (2) 略有提高; (3) 没有提高

续上表

评分项	是否达到目标（30%）	活动表现（40%）	职业素养（30%）
自我评价(20%)			
组内评价(20%)			
组间评价(30%)			
教师评价(30%)			
总分(100%)			
自我总结			

参 考 文 献

[1] 张青,宋世军,张瑞军,等.工程机械概论[M].2版.北京:化学工业出版社,2016.
[2] 徐永杰.工程机械概论[M].2版.北京:人民交通出版社股份有限公司,2020.
[3] 张策.机械工程史[M].北京:清华大学出版社,2015.
[4] 刘朝红,徐国新.工程机械运用基础[M].2版.北京:机械工业出版社,2018.
[5] 刘朝红,赵常复.工程机械维修[M].北京:机械工业出版社,2017.
[6] 张运泉.中国工程机械行业的国际竞争力研究[M].成都:电子科技大学出版社,2020.
[7] 王成.人才战略[M].北京:机械工业出版社,2020.
[8] 杨伟国,房晟陶,张勉,等.人才盘点完全应用手册[M].北京:机械工业出版社,2019.
[9] 张海平.白话液压[M].北京:机械工业出版社,2018.
[10] 王益群.液压工程师技术手册[M].北京:化学工业出版社,2011.
[11] 初长祥,马文星.工程机械液压与液力传动系统[M].北京:化学工业出版社,2015.
[12] 俞敏洪.生命如一泓清水[M].北京:群言出版社,2007.
[13] 魏卫.职业规划与素质培养教程[M].北京:清华大学出版社,2008.
[14] 方伟.大学生职业生涯规划咨询案例教程[M].北京:北京大学出版社,2008.